威士忌尋道之旅

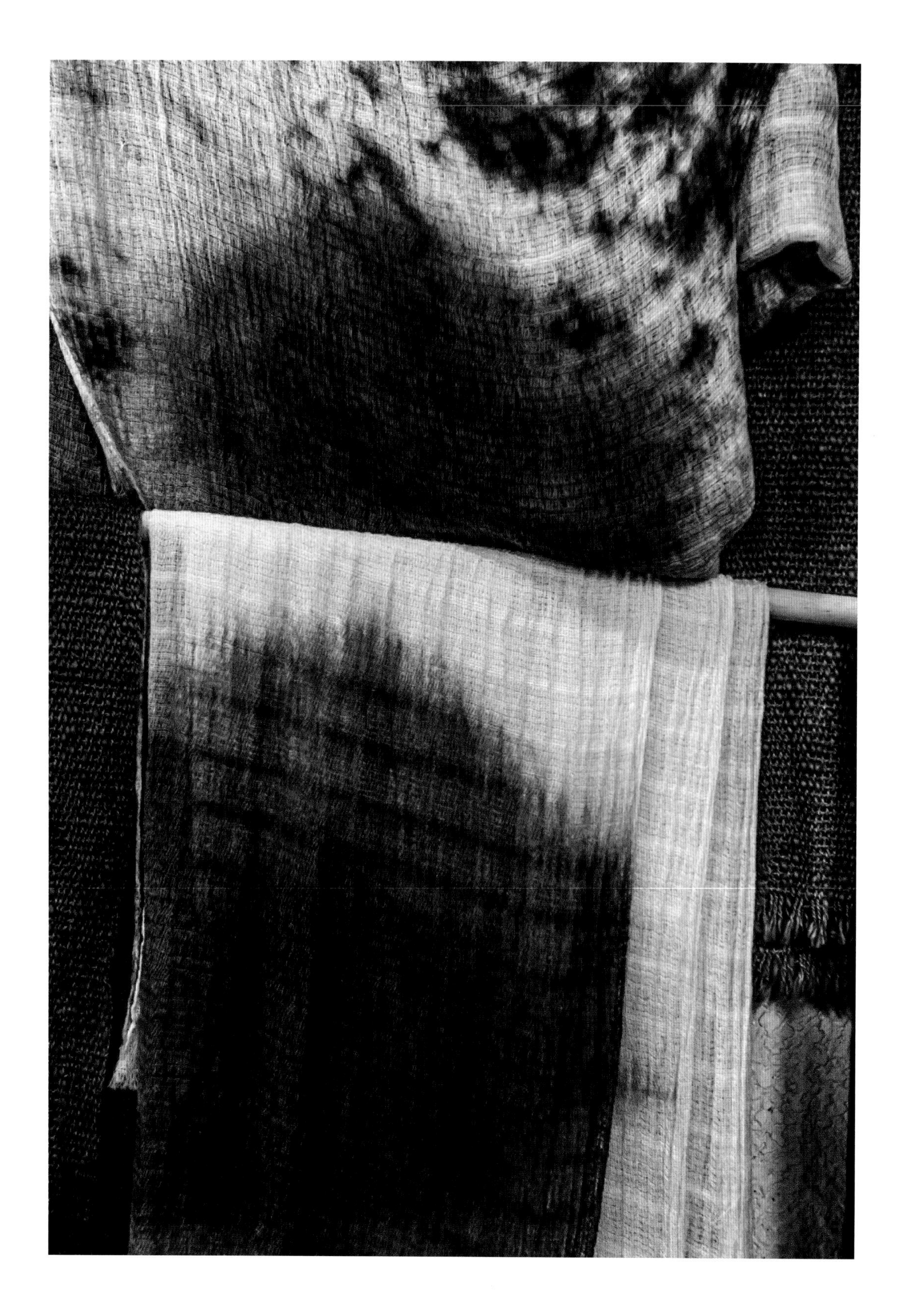

威士忌尋道之旅

日本威士忌中的職人精神與美學之道

戴夫·布魯姆 Dave Broom
武 耕平 攝
周 沛 郁 譯

Boulder Media 大石文化

威士忌尋道之旅
日本威士忌中的職人精神與美學之道

作　　者：戴夫・布魯姆
攝　　影：武 耕平
翻　　譯：周沛郁
主　　編：黃正綱
資深編輯：魏靖儀
美術編輯：謝昕慈
行政編輯：吳怡慧

發 行 人：熊曉鴿
總 編 輯：李永適
印務經理：蔡佩欣
圖書企畫：黃韻霖 陳俞初

出 版 者：大石國際文化有限公司
地 址：台北市內湖區堤頂大道二段 181 號 3 樓
電 話：(02) 8797-1758
傳 真：(02) 8797-1756
2019 年（民 108）8 月初版
定價：新臺幣 1200 元 ／ 港幣 400 元
本書正體中文版由 Octopus Publishing Group Ltd
授權大石國際文化有限公司出版

ISBN：978-957-8722-46-0（精裝）
* 本書如有破損、缺頁、裝訂錯誤，
請寄回本公司更換

總代理：大和書報圖書股份有限公司
地址：新北市新莊區五工五路 2 號
電話：(02) 8990-2588
傳真：(02) 2299-7900

國家圖書館出版品預行編目（CIP）資料

威士忌尋道之旅 日本威士忌中的職人精神與美學之道 戴夫・布魯姆 Dave Broom ;
武 耕平 攝 ; 周沛郁 翻譯 .
-- 初版 . -- 臺北市 : 大石國際文化 , 民 108.8
256 頁 ; 19 × 27 公分
譯自 : The way of whisky : a journey around Japanese whisky

ISBN 978-957-8722-46-0(精裝)
1. 威士忌酒 2. 酒業 3. 日本

463.834　　108004409

目錄

這是一趟漫長的旅程。

前言

我這輩子第一次到日本的第一天是這麼過的：來到東京的成田機場，在東京市區吃壽司當午餐，坐子彈列車（新幹線）到京都，轉乘火車到山崎。我還沒弄清發生了什麼事，就坐在我的良師老友麥可・傑克森（Michael Jackson）身邊，而三得利的首席調和師輿水精一（Seiichi Koshimizu）要請我們品嚐三得利的威士忌了。酒色微紅，有股我們未曾嚐過的芬芳。我們只能猜測，而輿水精一露出羞澀的微笑。「是水楢木，一種日本的橡木。我們覺得有寺廟的味道。」

我說過，那是我到日本的第一天。我還沒機會聞到寺廟的味道。這下子我想聞聞看了。那是氣味在文化層面的一課。氣味不受言語限制，但容許不同的詮釋，而詮釋的方式多少取決於成長背景。我會說，帶煙燻味的威士忌聞起來像1967年左右的英國格拉斯哥（Glasgow）地下鐵。日本同仁可能解讀為某種藥物。經歷和地緣決定了我們用哪些詞彙來描述我們周圍的氣味。旅行的一個迷人之處，就是發掘新的口味和風味，比較家鄉和這個新地方。那晚後來，我坐在一名舞妓身邊（舞妓是京都對藝妓的稱呼），她的開場白是：「你們在蘇格蘭常吃小馬鈴薯嗎？」

不過這種水楢木有其獨到之處。水楢木有樹脂味，有點像檀香，帶點椰子味；但這些形容都不夠精確。我大可以在腦中為水楢木貼上「異國風情」的標籤就罷，但我欲罷不能。我的鼻子帶我更深入日本。「有寺廟的味道」這下子像在提議我該去找寺廟，吸進寺廟的氣息。最後，那句話帶著我發現了香，而那道芬芳的線索從日本延伸到越南、阿拉伯、高級調香師，然後再度回到日本。

我慢慢發現，使用水楢木是（一些）日本威士忌產生獨特標記的方式。用了水楢木，就像在說：「這股香氣是我們威士忌的一個特色。我們是因為水楢木的香氣所以用這種木頭，而那香氣對我們有一種特殊意義。」水楢木讓威士忌在日本生根，讓大家覺得日本威士忌與眾不同。

就在那天，三得利的三鍋昌治（Masaharu Minabe）把日本威士忌描述為「透明」。這些威士忌的香氣強度有別於蘇格蘭威士忌；矛盾地設法使之既鮮明又細緻，強烈得很含蓄。入口風味有條理，複雜卻又連貫，既清晰又精準。有些是蘇格蘭威士忌的熟悉特色，但呈現出來的方式卻不一樣。每一杯都是威士忌，卻不是我從小喝到大的威士忌。從此之後，我就一直心心念念，想要了解日本威士忌為什麼會這麼「日本」。

我很幸運，之後每年都會去那個國家兩次，甚至三次。每次回去，似乎就開啟另一道門。一開始，我以為是因為他們開始信任我，但那只是自尊心作祟。我認為只要我知道該問什麼問題，就會自然有答案。我飽受折磨，卻蠢到沒發現。我的腦袋跟上之後，才明白這些看似難懂的哲學問題其實非常合理。於是這個狀況繼續下去，進展得很緩慢，我仍然沒弄懂這個問題：「究竟怎麼會是日本？」

日本和蘇格蘭蒸餾廠的生產方式時常有細微的差異，這可能是一部分的原因。有些差異是由於氣候和氣候對熟成的影響。水楢木當然是一個因素，不過不是所有的威士忌都有這個因素。我逐漸開始相信，其餘的謎根源於地域。威士忌與生產威士忌的文化密不可分。威士忌的生產過程受到許多因素影響—— 原料、氣候、地貌、料理、味覺、消費形態。日本的文化風土和蘇格蘭（或其他任何製造威士忌的國家）截然不同。

我開始納悶，如果日本的威士忌製造者和這個國家的其他傳統職人之間有某種看不見的連結呢？我愈是拜訪威士忌製造者、和他們談話，愈發現他們是職人，是投身技藝的手藝大師。他們對待威士忌的方式，充滿「改善法」（kaizen）的概念，也就是持續漸進地改善。背後似乎有一種美學，把威士忌連結到其他技藝的網絡，像是廚藝、陶瓷工藝、金工、木工，以及設計和建築；甚至酒保工作的方式。我愈看（或愈著迷），愈發現同樣的動力。那種清晰感存在於食物中，存在於缺乏裝飾中；在俳句中也看得到。不過這些連結也可能是我自己做的，實際上並不存在。或許他們就只是在製作威士忌而已。說不定我只是瘋了。不論如何，我必須一探究竟。

於是我回去了，去造訪所有蒸餾廠，拜訪其他手藝的職人。問他們的動力是什麼，作品背後的祕訣是什麼。看看那些連結是否真的存在。對雙方進行實地測試。不論如何，這終究是一本書，但這本書的內容不止於品飲筆記、評分、講述歷史和威士忌生產方式的章節，以及深入的知識與數據。那些都很實用，就讓其他作者告訴你吧。

但我要的不同。我想探究為什麼威士忌那麼重要，是什麼東西在驅策這些人前進，這和日本文化有什麼關聯，傳統在這裡面起了什麼作用。他們的技藝有多麼精湛，或多麼不穩定？

21世紀的一大矛盾，是在增強連結的同時，切割了我們和據說我們不喜歡的事物。我們不再隨意看看。演算法告訴我們，我們喜歡什麼、甚至喜歡誰。威士忌這樣的東西幾乎被簡化成品飲筆記和程序的統計數據。這個複雜、相互依存的世界所具有的豐富和雜亂性持續受到侵蝕，連結不斷流失，而隨著連結流失，威士忌脫離了地域、歷史、天氣、水和岩石，以及製作威士忌的人。切割威士忌和這一切，就貶抑了威士忌本身和製作威士忌的人。不能容許這樣的事情發生。

日本

● 蒸餾廠

◉ 主要城市

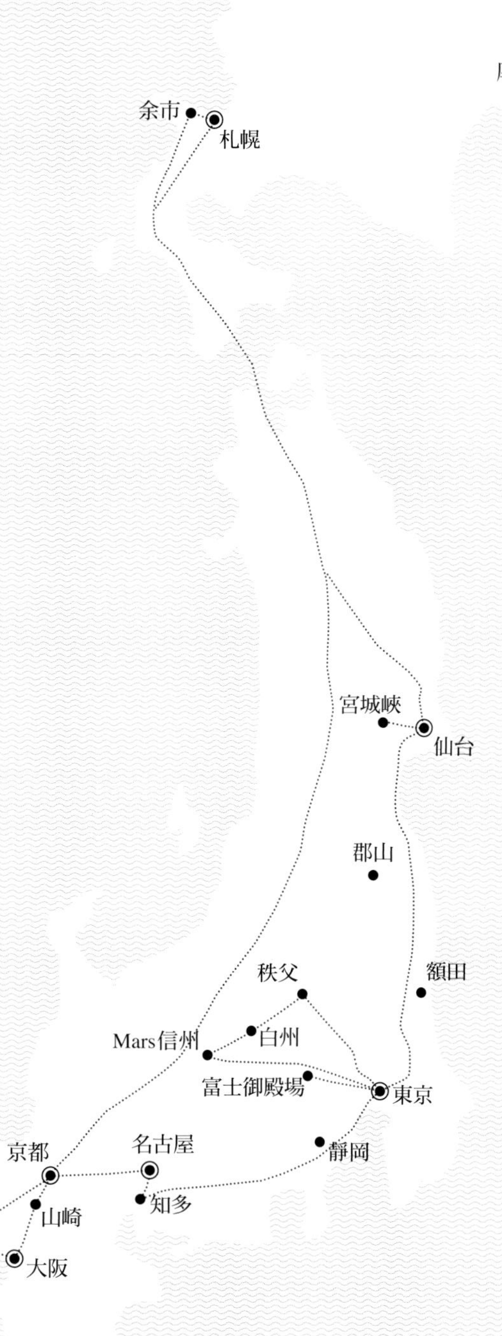

厚岸
余市
札幌
宮城峽
仙台
郡山
秩父
額田
Mars信州
白州
富士御殿場
東京
靜岡
京都
名古屋
米澤
山崎
知多
白橡木
大阪
宮下
廣島
福岡
本坊津貫

東京

這條路線我現在很熟了。飛到東京的羽田機場，轉單軌電車到濱松町，坐計程車到飯店，路上穿過偏僻的街道，鑽過鐵軌下，經過小餐廳和住宅區，停車場旁有若隱若現的神社，瞥見堤岸中的河流。到處都是人。東京總是人聲鼎沸。我坐了12小時的飛機，頭還朦朦朧朧。

我的目的地是汐留，這一區名不見經傳，卻是時髦地段，充滿尖端的辦公大廈。只有宮崎駿設計的那座龐然大鐘向輕浮讓步，彷彿是從他的電影《霍爾的移動城堡》傳送來的場景，然而這裡畢竟是東京，你離銀座不過10分鐘，離築地魚市場附近的壽司吧不過20分鐘，只消漫步5分鐘就能步入新橋美好的混亂。

東京宛如一連串的島嶼；把這比喻延伸到極限，那麼我的沙漠之島就是公園飯店（Park Hotel），經過這些年，那裡對我來說不像飯店，倒像家。這裡有厲害的酒吧職員，當代的藝術展覽（每層樓都由不同的藝術家負責布置），一側可以看到東京塔和後方的富士山。不過今天可看不到。現在是雨季。

辦理入住，然後下樓回到接待櫃檯，和武耕平會上第一面。這個瘋狂的寫作計畫需要有個統一的視覺效果，所以只能請一位攝影師。問題是，要找誰？我不認識任何日本攝影師。幸虧我朋友艾莉絲認識艾莉西亞・科比（Alicia Kirby），她曾經在日本替英國的《Monocle》生活風格雜誌工作，據艾莉絲說，她是「我認識的人之中人面最廣的」。通過一封電子郵件之後，艾莉西亞給了我三個名字。武耕平的影像最好，於是我僱用了他。

他走了進來；理著光頭，戴著圍巾，穿著牛仔外套，渾身散發活力與正能量。我立刻喜歡上他。我努力說明我想要的概念—— 人、工藝、工匠、傳統、地貌—— 還有威士忌。不是老掉牙的風景明信片那種日本，而是真正的日本，影像要把威士忌連結到土地、人，甚至呈現出這一切的關聯性。「我懂你的意思。」他說，「眼睛、雙手、工作與水。事情會很有趣。好啦，你休息一下。我們7點30分集合，可以搭巴士去御殿場。」啊，這就是威士忌作家生活的浪漫。我避開酒吧，上樓回房間。我知道我凌晨3點會醒來。這是時差的古怪之處。不論你去到哪個時區，體內的鬧鍾總是會在凌晨3點鐘響起。怪吧？

東京，一個令人目眩神迷又困惑的龐大都會。

B4

富士御殿場
Fuji-Gotemba

富士御殿場蒸溜所

從東京到御殿場

黎明即起，東京上方的雲層散去，雲朵飄過汐留的高樓。昨日陰霾，今日藍天，唯獨富士山仍深藏不露。早餐速戰速決——味噌湯、鮭魚、白飯、漬物、義大利麵、綠茶。振作起來，今天要忙的事很多——還有威士忌呢。

城市逐漸甦醒。學童戴著一模一樣的白帽子，躡手躡腳走出地鐵，宛如從地毯上溜過去的老鼠。太陽似乎吸走了一切的顏色。白日的東京變成單色，深淺不一的啞灰色和上班族長褲的顏色相仿——這是對初夏的讓步，不再是千遍一律的黑。放棄了領帶，還有外套。短袖顯然成為標準配備。女人倒是允許用粉色調。偶爾出現有褶邊的陽傘。行人走路時前傾10度，充滿目標感。

買好票，我們站在太陽下等著8點20分開往御殿場的巴士。氣溫愈來愈高。其他乘客要去箱根的暢貨中心大肆搜刮。我們開上高架道路，沿途望見辦公室的窗戶、垂掛的電線，以及隨著離開市區而出現的一撮燈火通明的愛情賓館，既保證完全隱密，同時又吶喊著：「來這裡偷偷做愛！！！」

道路彎進森林，樹上掛滿了藤蔓。我們飛速穿過隧道，進入一座山谷，谷中的稻田映照著天光。前頭一座山脊上方，直入雲端，高聳得不可思議，撒了雪，彷彿飄浮在空中的，正是富士山。

幾年前我爬過富士山，在山頂調和了威士忌，以紀念日本的蘇格蘭麥芽威士忌協會（Scotch Malt Whisky Society）成立15週年。我記得在薄暮中走著曲曲折折的長路，滾水中紅與淡紫色的岩石上綴著硫磺，彷彿巨人的早餐穀片，最後來到一間工寮，在那裡設法睡覺；凌晨2點起來，拖著步子走向山頂，及時看到第一道金光打亮岩石的每個邊緣，也打亮疲憊卻開心的臉上的每一道笑容與皺紋。

富士山一如浮士繪師葛飾北齋畫中描繪的，永遠巍然而立。北齋的系列版畫《富嶽三十六景》捕捉了永遠存在的富士山——幾乎完全被遮蔽地藏在畫面一角，在建築工地的屋頂後面探頭窺視；在做到一半的大桶中央；在夕陽下一片血紅，或被一道大浪圍繞。富士山的身影橫跨全日本。就連只是不得不待在那裡的雲也顯得特別有分量。

只有我們在御殿場站下車。我們招了一輛計程車上山，穿過掛滿電線的街道，經過精心修剪的樹木、沉默的園丁和帶狗散步的人，最後到了蒸餾廠，一棟異常巨大的紅磚建築。富士山就蒸餾廠後方不過12公里外，仍然蓋著面紗。

稍事祈禱，隨即展開行程。

富士御殿場

我來這裡見麒麟（Kirin）的首席調和師田中城太（Jota　Tanaka）。他個子高，有股苦行僧的氣質，是風趣而一貫熱心的人物，不只熱衷展示自己的蒸餾廠，也渴望了解威士忌世界還發生了什麼事。他是我的一個試金石，而且在接下來的幾個月中，幫助我揭開了更多的奧祕。「別叫我田中先生。」他說。「叫我城太。」

富士御殿場蒸餾所建於樂觀主義的時代，當時日本正盡其所能狂飲威士忌—— 而且完全不出口。當時加拿大的巨頭施格蘭（Seagram）已經把觸手伸進蘇格蘭—— 他們自1950年代起，就擁有起瓦士兄弟集團（Chivas　Bros）—— 並在加勒比海和南美擁有不少蘭姆酒蒸餾廠。現在施格蘭把目光轉向東方了。他們相中日本麒麟啤酒公司作為對等的合作夥伴，在1972年建立這間蒸餾所，隔年開始運作。

這也是合情合理。日本的經濟繁榮，威士忌業產蒸蒸日上；威士忌的銷路一向是成功的指標，那時也不例外。日本的上班族白天勤勉辛勞，下班之後，可以小酌或暢飲水割（mizuwari，威士忌加水和冰塊），解開領帶好好放鬆。看在有心攻占全球的蒸餾廠眼裡，要拿下日本根本簡單至極。

酒廠選擇蓋在離富士山不遠處，是有一定的象徵意義—— 但也是樂觀的表現。畢竟這是一座活火山，何況附近還是日本自衛隊的實彈射擊場。岩漿和炮彈，兩者和酒精都不太搭。

城太解釋道，這麼做其實有比較實際的理由：「公司的人找遍了全日本，把可能的選址縮減到八個。這個點是因為氣候和位置而中選—— 那時公路建好了。平均溫度是攝氏13度，相對溼度85%。對威士忌熟成很好—— 只是對人不好！」

這裡水源充足，而且經過山上的火山岩過濾。融雪經過51年才能滲透岩床，流到蒸餾廠三座100公尺深的井裡。

對大部分的訪客而言，日本蒸餾廠只是在模擬蘇格蘭的蒸餾廠。原料相同，工具組也一樣。

大部分蒸餾廠製造出來的風格也不只一種。不過日本和蘇格蘭一樣，威士忌的財富是建立在調和威士忌上，只是不像蘇格蘭威士忌，日本的蒸餾廠從來不交換庫存，因此調和所需的所有威士忌都不得不在原廠製作。這是日本威士忌產業非創新不可的原因之一，因為隨時都需要拓展風味組合。不過城太不以為苦。畢竟加拿大產業就是這麼演進過來的——用玉米製作基酒，然後用其他「小粒穀物」做出增添風味的威士忌，各自分開熟成，然後調和。

想開始了解御殿場，首先暫時別想麥芽威士忌。在這裡，一切始自穀物威士忌。這裡穀類發酵槽和麥芽發酵槽的數量是12:8，由此可見主要的風格是哪一種。我們漫步走過發酵槽，來到一間令人驚奇的控制室，當初1970年代的設備使這裡帶了一股007反派巢穴的味道。我們走進一間意外窄小的穀物蒸餾室時，城太笑著說：「40年前這可是很先進的！」

這裡有三種蒸餾器，由現場的熱度和嘶嘶聲判斷，這些蒸餾器同時在運作。有個波本式的配置，讓富含裸麥的糖化液通過啤酒蒸餾柱（beer column）和加倍器（doubler），產生厚重的蒸餾液，酒精度

這座蒸餾廠建於1972年。

長時間發酵在這裡是常態。

是70%。還有個「壺與柱」（kettle and column）的配置，和我在金利（Gimli）看過的類似；金利是施格蘭之前的一間蒸餾廠，位在加拿大溫尼伯（Winnipeg）附近，現在為帝亞吉歐（Diageo）所有。5萬公升的玉米與發芽大麥蒸餾液通過啤酒蒸餾柱之後，在「加熱壺」中收集，重新加熱，通過61層隔板的精餾器。雖然酒精度高，但風味豐富，形成御殿場中等型酒體的風格。第三組設備是五柱的蒸餾器，會產出玉米為基底的蒸餾液，雖然酒精度和壺與柱的蒸餾液相同，但過程的選擇度高，因此風格比較輕盈。加入不同種類的酵母和桶型之後，穀物威士忌本身就能有很寬廣的可能性。

柱式蒸餾的威士忌往往被視為沒有個性的填充物，但御殿場的作法顯示，這種穀物威士忌是風味導向的，能為調和威士忌貢獻特色。平心而論，在蘇格蘭威士忌中，穀物威士忌是調和威士忌中比較輕盈的成分；雖然可能增添風味、口感和特質，但賦予力道的是麥芽威士忌。御殿場的做法恰恰相反。他們的麥芽威士忌是輕盈、酯味、細緻的成分，而穀物威士忌（尤其是厚重和中等型）則賦予重量。

不過何必反其道而行呢？「蘇格蘭以強勁、陽剛的麥芽威士忌聞名，因此穀物威士忌的風味一定要比較輕淡。我們的麥芽近乎陰柔，於是我們覺得有機會用風格迥異的各種穀物威士忌當關鍵的推手。」

製作麥芽威士忌的所有程序都有助於讓成品的本質更輕盈——比

方說，長時間發酵時間，蒸餾時罐式蒸餾器的林恩臂是上揚的—— 據說是仿照史翠艾拉（Strathisla）的林恩臂製作，不過看起來比較像格蘭凱斯（Glen Keith）—— 使得較重的成分從蒸氣變回液體，失去動力而落入下方沸騰的酒液中，以待重新蒸餾。

城太和他的團隊也在實驗不同品系的酵母—— 蘇格蘭威士忌只用一種風格的酵母，因此這又是另一個不同之處。日本的蒸餾廠和一些加拿大、美國的蒸餾廠一樣，以酵母作為貢獻風味的一個關鍵。麒麟的四玫瑰（Four Roses，也曾為施格蘭所有）使用五種不同的品系，或許把這做法發揮到了極致。

城太說：「我在四玫瑰工作之前，從沒想過威士忌裡的酵母。現在我已經完全迷上了。我們一開始用兩種；一種有果香，一種可以增添稠度。現在我們嘗試在麥芽用其他的酵母，包括艾爾啤酒酵母（ale yeast）。我們在不同風格的穀物威士忌中也會用不同的酵母。」

我們漫步走到倉庫，那座倉庫是個完整的空間，每面23層高、23桶深。那樣的規模讓人顯得渺小，迷失方向；看著橡木崖壁在兩旁升起，往遠方延伸出去，令人喪失透視感。

這樣建造不是出於美學考量，而是基於實際因素。城太解釋道：「我們的空間有限，因此倉庫必須比平常更高。而我們又不希望不同樓層之間像在肯塔基州一樣，有溫度極端的效應。我們希望平順的成熟，所以決定不要分割成不同樓層，讓倉庫的空間保持完整。」

雖然如此，底部和頂端還是有溫差，而溫差影響了風味（溫度愈高，從木桶萃取愈多），於是城太調和一個批次時，會用上倉庫每一層的酒。

雖然大部分的威士忌是用波本桶，但也有一些新桶，尤其是厚重的穀物威士忌，最近的選擇更廣，新增了雪莉桶—— PX和歐洛羅索（Oloroso）—— 與水楢木桶。

我們回到調和室，檯面上放滿樣本，而我們談起季節、熟成的巔

宛如出自007電影的控制面板。

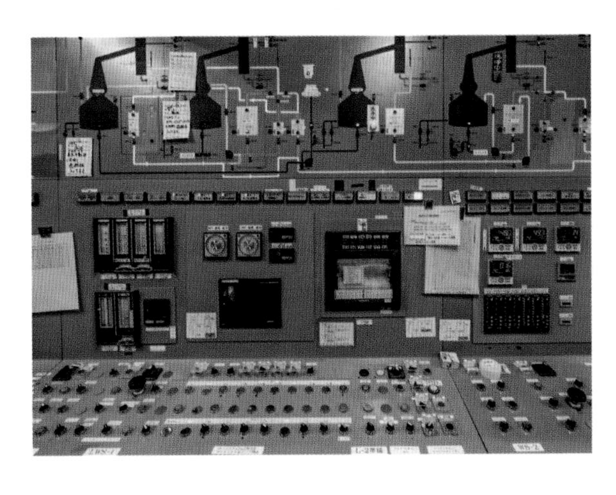

罐式蒸餾器產生的風格細緻（左頁），穀物威士忌蒸餾廠中緊湊的空間（上圖）。這裡產生的風味變化多端（上圖右）。

峰，以及創造風格時日本人的味蕾扮演了什麼角色。城太解釋道：「我們第一位首席調和師荻野一郎（Ichiro Ogino）想要平順而香醇、可以吸引日本消費者的威士忌。日本的威士忌迷一般喜愛艾雷島的煙燻威士忌，但大部分的人覺得（那種風格）太硬，往往喜歡穀物風格的威士忌，所以我們的威士忌一向是中等到輕盈的穀物威士忌為主── 並不濃烈，而是平衡而順口。別誤會我的意思；我們並不是要做出風味清淡的東西！」因此他們必須在穀類威士忌組成中擁有各式的風味和厚度。

熟成之後，輕盈型的威士忌清新、帶柑橘味與微微的乾草味，而且因為桶壁炙烤過而帶有煙燻的松針香氣。結構甜而細緻，讓調和的成品增添細節。

壺與柱的中等型穀物威士忌也帶甜味，但香調比較圓潤，帶有一點焦糖、太妃糖和淡淡的柑橘。口感油滑，帶有一些新鮮瓜果，以及類似香草冰淇淋上覆盆子醬的風味，最後有些糖蜜太妃糖的氣味湧向舌頭後段。十分出色。

厚重型的穀物威士忌熟成時，香氣濃厚，有濃濃的玫瑰花瓣、茉莉花、漿果味，隱約帶了一絲薄荷巧克力和黑莓的氣息。裸麥增添了辛香、微微收斂，並有薄荷醇。雄壯、豐厚，看得出只要少少的比例，就能在調和威士忌中發揮很大的作用。

御殿場令人眼花撩亂、暈頭轉向的倉庫。

麥芽威士忌是錦上添花，帶有花朵、奇異果、威廉梨和新鮮草莓的風味。接著城太拿出輕泥煤的變化版。等等，煙燻？我確定之前沒提過煙燻的事。但煙燻又有何不可？這同樣是秉持了蒸餾廠風格最大化的原則。煙燻味非常隱約，不是強烈的宣言，倒像一段記憶，讓人想起遠方有人在園子裡生火時沿街飄送的香氣。少數威士忌中還帶有一點松樹、薄荷的元素—— 也許來自蒸餾液，也許源於木桶和氣候。然而，這一切都有一種凝聚的元素。層次分明、優雅，有時低調，有時比較強勁，但這裡畢竟是日本，所以總是彬彬有禮。

目前只有三種品項裝瓶問世。日本經歷了數十年的威士忌風潮，在1990年代戛然而止，當時頒布新的稅法，加上新一代的消費者揚棄了父執輩的飲料，造成銷量大跌，而蒸餾廠不是關閉，就是改為非常短期的運作。

如今日本威士忌產業或許全球追捧，但儘管國內的銷量已經恢復成長，卻沒有足夠的成熟庫存來滿足這波躍升的需求。威士忌製造者多少在玩猜數字遊戲—— 預測善變的大眾十年之後會想喝什麼。御殿場的庫存和全日本蒸餾廠一樣，缺口比不修邊幅的教授毛衣上的洞還要多。

這情況對城太來說，可能是挑戰，也可能是機會。他只有不完整的系列可以操作，但需要維持存在感，展示蒸餾廠的風格範圍。這表示必須小量釋出陳放過的產品（寫作本書時，是17年的麥芽威士忌和25年的穀物威士忌），並將重點放在以無酒齡標示、風味為重的調和威士忌：富士山麓（Fuji-Sanroku）。

不標示酒齡不只能讓城太取用最廣泛的庫藏，也讓他在調和時，不用花個12年等一款威士忌熟成，可以更盡情發揮。

這是日本蒸餾廠都採取的做法，卻一直遇到某種程度的……該怎麼說呢？……抵抗吧，因為喝威士忌的大眾已經養成一個錯誤的觀念：酒齡決定品質。

城太解釋無酒齡標示（No Age Statement，NAS）的創意優勢，他指出每一型威士忌、其實是每桶威士忌的狀況，並不是隨著一條穩定上升的線，從「差勁」（未成熟）變成「優良」（成熟），而是按一道可能性的弧線而變化。威士忌一開始尖銳而猛烈，充滿未成熟的元素，但隨著木桶、酒、空氣和時間的作用，威士忌會改變，經歷熟成、風味轉變的攀升階段，達到一個巔峰，最後木桶開始發揮較大的影響，而威士忌變得更帶有木質味。

每種風格都有自己的曲線，每種桶型也是。倉庫裡的每一層也會產生不同的風味曲線。因此時間變成判斷品質的粗略方式。成熟度可以看作一個三度空間的風味世界，任調和師選用。

城太解釋道：「這關乎酯類與酯類在熟成過程中的改變。一開始青澀、刺激而尖銳；在巔峰時有果香、花香、圓潤而香醇；過後帶

酸、木質味、堅硬。」這是成熟的巔峰，但還是會受到穀物配方、蒸餾技術、桶型和倉庫位置影響。

他繼續說：「我們說到季節食物時，對這種情形有特別的描述方式。『爭鮮』（走り）是最早、最新鮮的；『當季』（旬）是巔峰，而『惜別』（名殘）是產季將盡的時候。產季中，食物的味道會改變，會有和熟成曲線一樣的表現。」（見32頁。）

這種概念之後將成為常見的主題，這是我遇到的第一例，重點不只在於解釋成熟度和無酒齡標示威士忌，而是日本的威士忌製造者如何輕而易舉地從技術世界轉換到哲學世界；因為談威士忌和談食物沒兩樣，而援引日本看待季節性的方式，有助於讓威士忌在更寬廣的文化與風味導向的架構中紮根。

威士忌嚐起來未必因此不同，不過我覺得這確實表現出調和師的心態（然而日本比其他任何製作威士忌的國家都要注重威士忌和食物間的緊密結合）。

城太的裝瓶強度也比較高，富士山麓的酒精度是50%，以「增強鮮味（umami）元素」（見127頁），而新的調和威士忌展現更多厚重的穀物感，增添一些結構，提升複雜度和層次。

此外這裡還有另一個元素，深入了日式作法的核心。一切都發生在那一刻的執著，也就是使用加拿大式配置的蒸餾廠，決定開始製作有辨識度的日本威士忌的那一刻。任何文化都會占有、吸收外來影響；日本的工藝都來自中國和韓國；威士忌製作則來自蘇格蘭（御殿

對田中城太來說，達到巔峰的成熟度和鮮味是品質的關鍵。

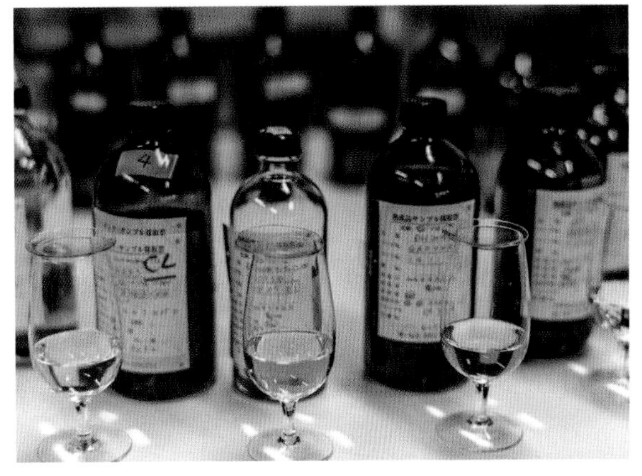

柱式蒸餾器內的泡罩（上圖）讓御殿場的穀物威士忌產生一系列的風味（上右圖）。

場是來自北美），不過都受到轉換、持續改良，因此經過一段培育期之後，會展現熟悉但有點不同的風貌。

城太說：「我們從蘇格蘭、加拿大與美國引入技術和設備，想做出正統的威士忌。不過我們做了點更動，混合所有的元素，卻不受元素的限制，並且做些新的嘗試，做出我們自己獨特的風格。那不是蘇格蘭麥芽威士忌、加拿大玉米威士忌，或是美國波本威士忌，而是我們的威士忌。」他停了一下，又說：「富士山麓雖然有不同風格、不同組成的一些元素，但還在發展中。還有改進的空間。」這番話中，又出現另一個主題—— 改善法，也就是不斷前進，拒絕接受某個樣板已經固定不變了。對城太而言，就是溫柔地在他的配方中加上酒體較重的蒸餾液—— 比方說玉米比大麥50:50、口感粗獷的穀物配方。

「可以做到的事和我們想要做到的事之間，有微妙的界線。我們想要做到很多事，但我們不會全部展示出來！有些國家會什麼都試試，然後裝瓶起來。我們想挑戰自己，創造出新的一系列風味，讓我們建立起來的東西更有價值。」換句話說，實驗是有重點的。

我們準備前往東京。我突然想到，富士御殿場有點像富士山——就在眼前卻視而不見。它雖然是一間規模龐大而創新的蒸餾廠，對自己的成就卻一直很低調（我覺得太過低調了）。有庫存的問題，也一直有厭惡外銷的古怪問題。即使在日本，也不是大家第一個想到的威士忌。御殿場值得更為人所知；不只是因為御殿場的威士忌品質，也是因為御殿場的作法讓日本威士忌有了另一個面向。

我感覺到有些事情轉變了。富士御殿場的威士忌與它新生的自信，有一種低調的大膽。

就像俳句詩人小林一茶的〈蝸牛〉，御殿場不斷在前進。

小小的蝸牛
一吋一吋慢慢爬
爬上富士山！

品飲筆記

庫存短缺，因此田中城太與他的團隊在推出產品時必須有創意。他們必須建立品牌，在他們為了外銷做準備時，必須盡可能展現出廣泛的風格和可能性。限量發行（有時是蒸餾廠限定）是一種方式，而創新的「本廠威士忌」調和組（可惜是限量版），有兩款麥芽（輕盈型和泥煤型）以及兩款穀物（厚重型和壺與柱的批次），加上酒杯與幾罐蘇打，讓你可以調出一杯合你口味的高球威士忌（Highball）。

本書寫作的同時，有三支威士忌的銷售更廣。**富士御殿場17年單一麥芽**（Fuji-Gotemba 17-year-old single malt，酒精度46%）的原料大多來自無泥煤款，不過也謹慎加入少許輕泥煤款，賦予幽微的煙燻味，只有在尾韻才品嚐得出來。

富士御殿場正在穩定地建立自己的口碑。

聞起來有微微的橡木味（畢竟是一款輕盈的威士忌），帶有滑膩、樹液、近似胡椒味的衝擊。也有我常在御殿場聞到的薄荷味，在這款酒的表現上，這種香氣變成了胡椒薄荷。強烈而集中，雖然有年份感（其中最老的酒齡是19年），卻也非常清晰。

它的同伴，**富士御殿場25年微批次穀物威士忌**（Fuji-Gotemba 25-year-old Small Batch Grain，酒精度46%）混合了陳放25到30年的厚重型批次穀物威士忌。開頭有一點橡木味，但是比麥芽的不明顯——別忘了，御殿場的穀物威士忌特質比較厚重。最突出的果香是烤鳳梨、蘋果，然後是類似梨型糖（甚至是丙酮）那種比較酯類的前味。比較厚重、類似太妃糖的甜味使這款不會太輕浮，加水之後會出現蠟感。口感結構緊密、集中，有烤水果（帶著黏膩糖漿）、烤布蕾和一絲檀香的風味。加水之後變輕盈，變成燉西洋梨、一點丁香和一股薄荷醇的香調。（富士山麓調和威士忌參見179頁。）

從御殿場到東京

之後，我們走出蒸餾廠，烏雲湧集，山雨欲來，富山士不見蹤影，僅存於臆想中。我和武耕平沿著蜿蜒的小徑，從辦公區後方走向一個樹叢。一小間神社入口處的狐狸石像瞪視著我。

那晚，我和城太走進新橋的偏僻街道吃晚餐。之後是汐留，那裡是老東京的遺跡，銀座迷幻光影的骯髒褶邊。幹線車站附近壓縮著混亂繁雜的街道，其中充斥著酒館、酒吧與居酒屋。那裡白天安靜而無趣，夜裡卻成了嘉年華會，充滿喧鬧、歡笑的上班族、街頭音樂家、乞討的嬉皮、露天座位，以及臉上沾了燻雞肥油的感覺。

我們鑽進一家居酒屋，爬上陡峭的階梯進入一間小房間，笑聲有如大浪拍打礁岩。我們擠到一小張桌子旁時，城太喊道：「歡迎來到威士忌的現實！」高球調酒立刻端了上來。我們周圍的菸霧中都是酒酣耳熱的白襯衫男人，他們酒杯滿溢，都在抱怨自己的老闆，放聲大笑。每張桌上都散落著幾乎被遺忘的食物。更多高球調酒上了桌。

威士忌可說成也居酒屋，敗也居酒屋。居酒屋是日本的鄰家酒吧，不過食物比較好—— 在居酒屋，可以有幾個小時暫時忘卻辦公室政治和壓力，乾杯聲此起彼落，啜飲威士忌和啤酒。居酒屋吵雜和喧鬧的特性與旅客學到和預期的恰恰相反—— 他們以為會是輕聲細語的壽司吧和平靜的旅館。

居酒屋在兩種意義上都極為重要—— 既是不可或缺的洩壓閥，又令人振奮而興高采烈。我們西方一向認為，日本威士忌完全是高檔的調和威士忌，以及上好的單一麥芽威士忌。確實如此，不過城太說得沒錯—— 這是現實。威士忌產業需要居酒屋，需要銷量，需要平衡沉思與熱情洋溢的行為。

居酒屋是日本的減壓艙。

季節

那星期，我們去川崎的「民家園」民家博物館體驗靛染時，城太又出現了。他原先計畫讓我們去他的家鄉鎌倉打座禪（也就是禪坐、靜坐），不過「繡球花開了，太熱鬧了。」要知道日本可不只有櫻花熱門喔。等待我們剛染好的衣服時，我、城太和武耕平穿過構成博物館的一間間老屋子。民家園不可思議地捕捉了日本變化之迅速。許多這樣的木造、茅草建築直到不久之前仍有人住。屋中充滿檜木香和地爐裡木柴燃燒的氣味。那些屋子裡充滿空間和陰影、朦朧的光線，而那個世界光是拉上帷幕就能改變功能。

我們坐下來吃蕎麥麵，再次談起風味的季節性，以及從日本的感性來看，季節不會劇烈變換，而是有許多累進變化的微小片刻，而每個片刻都有自己的特性。城太說：「各有自己的爭鮮、當季和惜別。」

這種方式是要你注意變化的推動力，感受吹在你臉上的風、花朵開始綻放時轉瞬即逝的氣味、魚長到恰當大小的那一刻；學習品嚐某種食物的最佳時機，理解風味、香氣和口感，接納極細微的變化與其中的意義。

這種做法反應在日本詩使用的季節語彙中（也就是季候）。白根治夫在他的《日本與四季文化》（Japan and the Culture of the Four Seasons, 2013）中寫道，到了1803年，已經有2600個受認可的季節主題，而「季節成了把這世界分門別類的基本方式」。這種分類方式有利有弊，雖然顯示出對持續變化的深刻理解和接納，但也可能造成限制，過度形式化，失去自發性—— 而那正是支撐日本工藝中創意張力的首要元素。

旅程稍後，我們在京都和大廚橋本憲一、福與伸二吃威士忌懷石料理時，季節性又出現了（見161頁）。大廚說：「某些文化中，有春羔羊和秋羔羊，但我們不只這樣。」

伸二補充道：「那是因為，從前計算的方式不只四季—— 有七十二季。」他解釋道，在舊式的陰曆中，一年分成二十四節氣，然後每一節氣又分為三「候」，一候大約是五天，各有極富詩

民家園，川崎的民家博物館。

古屋裡瀰漫檜木和柴火的氣味。

意的名字，例如腐草為螢（意為：腐爛的草中飛出螢火蟲）。而每個候都有自己的爭鮮、當季和惜別。我總為這類事情痴迷，所以回到旅館之後下載了一個app，好知道每一季是在何時開始。

我愈來愈著迷於這種適應變化的方式之後，看什麼都覺得是這樣。城太已經解釋過威士忌熟成的「季節」，但其他地方也適用嗎？我寫信給城太和伸二時，納悶著既然品嚐威士忌時也有頭韻、口腔中段有高峰，最後緩緩消逝，那爭鮮、當季和惜別在這裡是否也適用。

伸二回答：「爭鮮和期待有關，這是食物還沒達到最佳狀態的時候——或是像薄酒萊新酒的飲料！或非常新鮮而鮮明，但還不夠成熟的威士忌。

「當季是產季的中段，也是最適合品嚐的時候。以威士忌來說，是熟成的巔峰。惜別是人們想要享受最後一次，同時期待下一個產季。過度陳放的威士忌也有一些美好之處。有時候深沉的苦味會讓我想到美好的熟成巔峰。

「如果我們不知道當季的性質，就無法享受爭鮮和惜別。我們在享受爭鮮和惜別時，也在想像中享受了當季。想像有時可能超越實際的感覺。」

這一課讓我開始用不同的方式去品味。這種方式展現了世間萬物如何在當下影響著你。季節迫使你意識到新鮮度，但也意識到事物的短暫。我永遠無法再度品嚐我面前的這一杯酒。下次我倒出這瓶威士忌時，我不同了，場合不同了，溫度和地點也不同了。和朋友共飲或自己小酌，嚐起來也不同。

你必須接受改變。

Nº158
NM-1

Mars信州

Mars Shinshu

マルス信州蒸溜所

從東京到信州

該離開東京了。一位威士忌進口商朋友（之後會再詳細介紹）很好心，不只把他的Range Rover借給我們（這在日本公路上可是不尋常的景觀），還讓自己的員工雄勝先生（也是朋友）當我們在Mars、白州與秩父兩天行程的司機兼翻譯。有他開車，我就能望著窗外、塗寫東西，而武耕平也能讓他按快門的指頭保持在最佳狀態，不用冒著撞車的危險。

全名為Mars信州蒸餾所的Mars，要向西北往南阿爾卑斯山（Southern Alps）開三個小時，穿過更多的隧道，最後豁然開朗，來到一片山巒風景之中，層層疊疊的山丘宛如擠成一團的綠色可麗餅。這是一塊三角形地帶，點綴著迷你菜田的小村落窩在谷地裡，彷彿崇敬或畏懼周圍的高山。或許都有吧，白根治夫寫道：「古時候，狂暴不馴的大自然時常被視為難纏的對手，土地上充斥著野蠻而危險的神祇。平安時代中期到晚期（12世紀），混生矮林成為人與自然接觸的過度區。」水楢木和栲木的深邃森林幾乎不受干擾，人與荒野保持距離。這趟旅程中，這種與自然的矛盾關係將不斷出現。

我們在諏訪湖旁向南的岔路前停車。我們來得太遲，沒機會看到這裡的冬日奇景：湖面上一道像山脊一般隆起的冰塊，這是由於此地密集的溫泉從下面向上滲出，衝破冰凍的湖面，形成所謂的「御神渡」，也就是諸神的通道。我們見不著這種現象，只好瀏覽日本典型的休息站貨架，架上不只有一般的點心和安撫兒童的玩具，還有土產禮盒。這地區是生產蕎麥的中心，店裡滿是各式各樣的蕎麥麵。我猶豫著該不該買一大袋，但覺得乾麵不大可能撐得過三週的旅程。

土產的重要性使我們對季節的感受又更深了一層。幾年前，一次拜訪Mars信州的時候，我們待在更北的松本市，主要是為了去厲害的摩幌美酒吧（Pub Mahorobi）喝酒。那時有位主廚告訴我們，附近有一座山有放養的豬。他聲稱：「我們把這些豬叫做舞豬，因為吃了牠們的肉你也會想跳舞。」他給了我們一個地址讓我們去看那些豬。用不著說，我們沒找到。

往南轉，我們持續向駒根市爬升。我們不再用公路上的速度前進，於是我打開車窗，傾聽鳥鳴。車子經過高山樣式的木屋和有點不協調的半木造高原飯店（Highland Hotel），路彎得極為靠近山壁，帶粉紅色的高瘦松樹夾道，林中一度出現一群拿著高爾夫球桿的退休老人，或許當地的景點結合了小型高爾夫球場和定向越野賽，或許那些球桿是為了驅趕跳舞的豬。

一條黃濁湍急的小河在附近轉了個彎，一隻烏鴉出聲警示，我們來到了蒸餾廠。這間蒸餾廠讓歷史也感到錯亂，它抖去樟腦丸，在新世紀中東山再起。

高地的湍急溪流潺潺流過蒸餾廠旁。

MARS信州

マルス信州蒸溜所

那次的尋豬之旅是五年前的事了，當時探訪這間蒸餾廠的原意，是要來一趟歇業酒廠的悲傷之旅（見106頁的〈有所失〉），最後卻發現蒸餾廠即將重新開張。那之後，事情進展迅速，Mars連獲大獎，有了新的蒸餾器，還有新的蒸餾師——沉默而思考周到的竹平考輝（Koki Takehira）。

空氣明顯涼了。Mars坐落於海拔800公尺，是日本最高的蒸餾廠。我們剛剛開車穿過的高山谷地就擠在兩山之間，西邊是駒岳山（Mount Komagatake）下半段的山坡，東邊是戶倉山（Mount Tokura）。

Mars這個名字很不尋常，它背後的故事也一樣古怪，還是先把由來說清楚的好。這名字是母公司本坊（Hombo）舉辦一場競賽之後取的，由於本坊已經有「寶星」（宝星，Star Treasury）這個燒酎品牌，有些自以為聰明的人建議，新的酒廠應該稱為Mars（火星），全名是信州Mars（有時只稱信州）。2017年起，又變成了Mars信州——很可能只稱Mars而已。我在這裡統一稱之為Mars。

不過，為什麼位在南方鹿兒島市的一間公司，會選上這個地勢高、寒冷又偏遠的地點呢？

事情永遠都是因水而起，外面的溪水就像蒸餾廠用的水一樣，是來自山上——經過岩石過濾，水質軟，水源豐沛。此外還有氣候因素，竹平解釋道：「這裡的溫差很大，夏天是攝氏30到33度，冬天可能到負10度。即使在夏季，日夜溫差也很大。這不只會影響熟成循環，也會影響酒精蒸氣的冷凝——會凝結得很快。溼度也會造成霧氣，這對威士忌熟成很重要。」廠外放了兩座原版的蒸餾器，體積小，林恩臂的角度古怪，彷彿鷺絲的長喙，使盡力氣要把蒸氣擠成一綹風味，並增添焦點。

起死回生的蒸餾廠。

雖然Mars大可說是失而復得的蒸餾廠，但它的意義不止於此。它是日本威士忌史中被遺忘的一塊拼圖。雖然1985年才建成，卻似乎一直在那裡，像背景中的一個影子，在不同地方、不同的夢想中現身，一路追溯到日本一開始製作威士忌的時候。

威士忌的重點不只在於流進保險箱或倒出桶的烈酒，整個過程從頭到尾都環環相扣，每一個環節都相互依賴。風味不會一出現就已發展完整；一開始只是前驅物，接著視狀況而綻放（或消失）。

蒸餾廠也一樣，而Mars有許多先驅。若想了解這些先驅，就必須回溯到一個人——岩井喜一郎（Kijiro Iwai）。關於日本威士忌的古代，一般接受的說法是，一切始於兩個男人：夢想家鳥井信治郎（Shinjiro Torii）和蒸餾師竹鶴政孝（Masataka Taketsuru）。1920年，竹鶴政孝被派到蘇格蘭學習製作威士忌。不過派竹鶴去蘇格蘭的是誰呢？是攝津酒造這間公司，說得更精確一點，是竹鶴的老闆：岩井喜一郎。

竹鶴的報告正是提交給岩井。不幸的是，當時主事的攝津酒造沒有資金執行計畫，於是竹鶴離開那裡，去鳥井在山崎的新蒸餾廠工作。

舊蒸餾器（下圖）是小型蒸餾器；新蒸餾器（下圖右）較大，但形狀相同。

蒸餾器採用蒸氣加熱。

直到1960年，岩井的夢想才完全實現。本坊（當時由岩井的女婿經營）在日本的主要葡萄酒產地山梨縣開始製造威士忌，利用竹鶴的筆記和岩井的專業，做出來的威士忌是帶煙燻味、豐厚的老式風格，對日本而言太老派了。九年之後，厄運再度降臨，這座蒸餾廠關門大吉。

1978年，本坊再度嘗試，這次是在自家位於鹿兒島的廠區，用新的小型蒸餾器製作少量的威士忌。接著在1985年，Mars開張，使用的是原先在山梨的蒸餾器。這時酒的風格改變，變得比較輕盈、多果香。然而這個時機點糟到不能再糟，國內市場即將離棄威士忌。1992年，這座廠也關閉了。

多數人都沒想到，Mars在2011年重新開張。那是專屬於你的威士忌。錯誤的開始、樂觀主義、失望、再度嘗試，永不放棄。Mars是排除萬難、終於成功的小蒸餾廠。

現在Mars蒸餾廠裡一切都是新的—— 就連威士忌的製法也一樣。竹平原本是釀酒師，利用釀酒的背景為Mars創造一種（或多種）新的風格。「我們改變了糖化方式、發酵法——以及取酒心的時機。特別是我很注意麥汁。」這是日本和蘇格蘭製作威士忌的主要差異。

麥汁是指糖化槽流出的甜美液體。如果抽取得快，就可能抽出一些大麥殼，這種混濁的麥汁有助於提高最終烈酒的穀物香，有些蒸餾

本坊酒造

廠喜歡這種結果，有些則會避免。抽取緩慢，則會得到清澈的麥汁，成品的果香較多。在蘇格蘭，「清澈」表示沒有大雜質；不過在日本，「清澈」就是清澈。這是威士忌有「透明感」的一個原因，少了大多數蘇格蘭威士忌那種厚重、不甜、帶有穀物味的背景，有助於創造日本威士忌一部分的「透明」特質。

「我加裝了一個麥汁清澈度監視窗。」竹平說著，指向發酵槽出來的管道上那塊窺視玻璃。「只要把手放在對面，看能不能看到手，就能確認清澈度。我會看壓力，確認糖化槽沒有受壓，不過其實都是人工進行。」

兩座新蒸餾器比較大，但和原版一樣是尖鼻型。烈酒蒸餾器上還有個蟲桶，減少銅和烈酒蒸氣接觸，讓蒸餾液成品增添一點額外的重量感。

「我也改變了分酒點。」竹平微笑著說。「以前寬多了。我們發現一開始時有複雜的香氣，想要留住，但如果酒心長，就會失去那種強度。所以要得到最理想的酒心，最好的辦法是縮短酒心。」

倉庫逐漸被酒桶填滿，主要是波本桶，「因為熟成比較快。」他看看四周，說道，「在停滯期，這裡完全沒有庫存，也沒有人受過製作威士忌的訓練。我們重新開張時是從零開始。」

所以風格改變了嗎？「可能不同，但我們還沒有完整的答案。所以我還在嘗試很多可能性。」除了波本桶，還有來自山梨縣的葡萄酒桶，一些水楢木桶，以及燒酎桶。

「我們也在研究氣候對木桶的影響，所以有些桶是在鹿兒島陳放，那裡不只比較溫暖，而且海拔只有60公尺。我們也把一些放進屋久島（Yakushima）的一間倉庫，那裡更南，也更熱更溼。重泥煤的庫存都在那裡。我們算是在製作島嶼麥芽威士忌！」

我們在遊客中心坐下來試飲，喝了不少杯，比我預期的要多。尋找Mars靈魂的實驗，也用上了不同的酵母。竹平解釋道：「我們正進行四天發酵，以得到更多的果香酯類。我們有乾燥的蒸餾用酵母，不過也有以前在這裡用的老酵母菌型，還有山梨來的啤酒酵母，和我今年測試過的一種不同的白啤酒酵母。」拌入三種不同規格的麥芽（輕泥煤、中泥煤和重泥煤），可能性就開始展現。

「目前正在做的有八款，不過我們還在尋找招牌風格。我們在考慮種大麥，也在看能不能在長野種水楢木。」

我心想，在我家鄉是不可能這樣做的，我告訴他，那可要增加不少額外的工作呢。他哈哈笑了。「如果可以讓事情更有趣的話，為什麼要用簡單的方法做？」

這種方式不只合情合理（他們需要發掘一座根本是全新的蒸餾廠有什麼能耐），而且符合日本在一個屋簷下產生多種風格的方式。背

注重細節之一：檢查木桶裡的液面（上圖）。注重細節之二：竹平正在抽取樣本（下圖）。

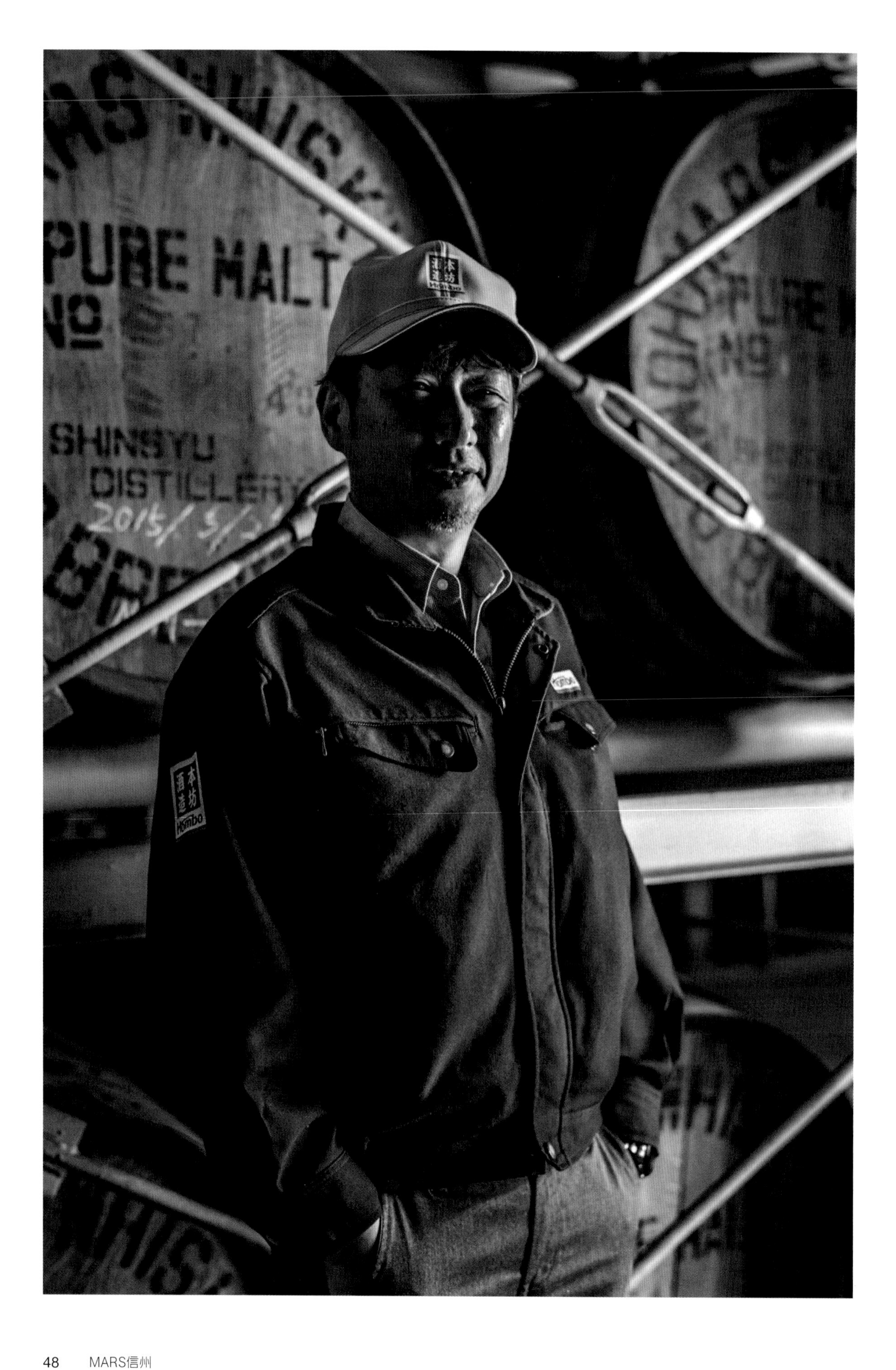
PURE MALT
SHINSYU
DISTILLERY

竹平考輝正在尋找Mars的精神。

後的哲學，也讓我覺得和傳統工藝蘊含的辯論法密不可分。

竹平點點頭。「日本人喜歡發掘最小的細節。我們創造新事物，正是出於這種充滿好奇的心態。這就是我們的職人精神。」

「我們有一種理念：挑戰自己、挑戰我們被告知的事。唯有那樣，我們才能找到自己的招牌風格。未來，我們可能只有一種風格，但為了找到那種風格，我們必須挑戰可能性。這也是我們的職人精神——是一場追尋。」

那表示做法會有別於傳統嗎？「改變很重要，不過有時候不改變也一樣重要，所以我們一向很留意哪些事該維持原狀，哪些該改良。那19年的沉寂讓事情很難辦，傳統沒有好好傳承，我只能從岩井的記錄中重建做法。岩井的思維和精神還在這裡，那是現在我們要復興的。」

竹平頓了一下，說：「我們不會再關閉了，我們會傳給下一代。」

他的話中有一種決心。那些近期轉做日本威士忌的國際公司，大多不會明白有將近25年的時間，市場有多不穩定。他們只在盛世中見識到日本威士忌，那是日本威士忌開始在外銷市場亮相的時候。講背景故事沒什麼意義——而且何必要有這種故事？

概略地說，日本威士忌從1923年開始製造，之後一直用同樣的方式，從此逐漸得到地位。不過說真的，製造方式其實並非一直相同，而且不是一直一帆風順。隨便哪個蒸餾師都會告訴你，威士忌是周期性的；會受風向改變衝擊，會隨潮流更遞起落。蒸餾師必須預測多年以後市場會流行什麼，預判哪種款式、哪種風味會受歡迎。

1980年代末，許多蒸餾廠陷入那場完美風暴，Mars也是其中之一，當時幾乎一整個世代的日本人都不再鍾情威士忌，剩下的人則轉向了蘇格蘭威士忌。Mars現在的興起，見證了它對品質不屈不撓的信念，以及對市場的變換莫測已有更透徹的理解。貫穿Mars故事的主題是希望。他們會成功，因為那是一直以來驅策他們前進的火花。

無可避免，Mars的裝瓶量很有限，因為庫存需要時間建立，而它有25年的大洞要補。有一款是優雅的Maltage 3+25，這款調和威士忌是來自本坊在山梨和鹿兒島蒸餾廠的3年麥芽威士忌，在Mars陳放25年。Mars蒸餾的桶數所剩不多，也以單桶的方式推出，或是做成像Twin Alps和Iwai Tradition的一系列調和威士忌，其中也加入一些進口的烈酒。這兩款限量威士忌都甜而帶果香，適合調酒。

不過，重點勢必得放在未來。一系列精選的低泥煤威士忌都在波本桶中陳放四年，但使用了不同酵母，讓人一窺Mars目前的思維——以及成果之間的巨大差異。

乾酵母會賦予一種淡淡的花香，以及一些檸檬、少許竹子香氣，與一絲薑黃味；甜而有點厚重的蒸餾廠風格，讓人在味蕾上嘗到卡士達和香蕉。艾爾啤酒酵母則加入了更多重量感，有更濃郁的果樹水果風味，不像檸檬，而是柳橙；這款也甜，比較柔和、圓潤。

使用蒸餾廠的老酵母品系變化更大，帶出一種酚味，一點梨子，和比較重的植物味衝擊。雖然有果香，但在舌頭上仍然比較鈍，尾韻有薑的驚喜。

一個重泥煤品系的五年桶樣本，在雪莉豬頭桶陳放，嘗起來清澈而成熟，增添聞起來的煙燻味；口感甜，因雪莉桶添加了帶堅果味的深度。精確、專注、前景可期。

目前百分之百Mars蒸餾的成品是**駒之岳三年**（Komagatake 3-year-old，酒精度57%），先在雪莉桶和波本桶陳放，之後再於葡萄酒桶陳放一年。葡萄酒桶占了上風。這款的酒色是日落的金黃，以陳放三年的威士忌而言，廣度驚人，肉質飽滿，有煮熟的梅子、櫻桃果醬、玫瑰和一絲煙燻味。既有蒸餾廠甜而厚重的特性，也有玫瑰果糖漿和焦糖化水果的風味。早熟。

Mars的威士忌雖然產量不多，但倍受稱許。

從信州到白州

該離開了。鳥兒正在鳴唱。這地方被保存下來，而且重拾了建立之初的原則，同時又在前進。你或許覺得日本蒸餾師應該會擔心，庫存是個問題，等到好不容易穩定時，這世界的注意力卻有可能已經轉移到其他事物上了。然而在這裡，以及前一天在御殿場時，大家真切相信現在是創新、新思想和重生的時機。我們懷著這些想法上了車，往白州前進。車子一過轉角，樹林再度籠罩我們，Mars一晃眼就消失在樹木間。蒸餾廠時常有一種謙遜的特質：藏身樹林中，就在轉角之後；似乎不大情願透露自家的祕密，也幾乎是地貌的一部分，不是大家想像的工業廠房，而是依據水源、氣候而相中的地點——是地域的體現。

走進林子裡。

白州
Hakushu

白州蒸溜所

從Mars到白州

白州蒸餾所在Mars東邊不過50公里，然而中間隔著不小的南阿爾卑斯山，我們只能繞遠路過去。我們在最近的加油站補給了汽油、飲水、三明治、飯糰和不健康的零食，再度回到諏訪湖，然後開上中央高速公路，往東南方向開，在北杜下來，彎彎拐拐開下山丘，終於來到蒸餾廠。

白州又是一間擅於隱藏的蒸餾廠——這可不簡單，因為這裡一度曾是全球最大的單一麥芽威士忌蒸餾廠，不過那之後的做法已經大幅改變了。

白州算是經歷了第二胎症候群。山崎離京都和大阪不遠，是日本威士忌的奠基石，也是三得利的旗艦麥芽蒸餾廠。白州有很長一段時間，只是默默生產三得利的調和威士忌。即使終於以單一麥芽威士忌蒸餾廠嶄露頭角，也沒什麼聲張。不過或許那樣才合宜。

白州和Mars一樣，是個會讓人有巧遇之感的蒸餾廠，以它的規模之大，這還真料想不到。蜿蜒下山朝那裡開去，奮不顧身地開進森林鬱閉的山坡，花崗岩鋸齒狀的山峰擎天。這地方應該鳥不生蛋吧？然後，突然間，車旁就出現一個警衛在柵欄邊跟你打招呼。

蒸餾廠的占地廣大，建築卻藏在森林深處。這裡既是工業廠址，卻也屬於國家公園。就連「白州」這名字聽起來，也像微風吹過松樹。白州的威士忌呢喃著樹林飄忽的氣息——蕨與苔、野生草本、松針和一綹木柴燃燒的煙味。複雜、有層次而幽微，低調如夏日裡和服褶邊的一絲香水味，但並不怯懦。白州有一種沉默的存在感。

白州坐落於一片森林中。

白州

出來見我的是一個老朋友：宮本麥克（Mike Miyamoto），他是白州蒸餾所的前經理，山崎的前品牌大使，曾任三得利派駐格拉斯哥的代表—— 他女兒還帶著格拉斯哥地區的口音。一旁是小野先生，他以「白州執行總經理」的響亮頭銜為榮，和宮本麥克一樣，小野是這裡的老臣子，在1989年加入三得利。他的頭銜或許能讓你稍稍明白這個酒廠的規模。

白州報出的數據很容易迷惑人—— 酒廠占地97公頃，海拔700公尺，每年遊客20萬人次，倉庫有60萬桶酒，極盛時期一年的產量是3000萬公升。

不過數字無法看出威士忌的靈魂。依賴數字來預測品質，會錯失數字背後的真相。白州建在這裡，不是因為寬廣的空間符合三得利的宏大願景；1973年選中這個場地，是因為這裡的氣候、水源和地質。自然和科學、經濟一樣，支配了白州。

1980年代的白州蒸餾所曾是全球最大的麥芽蒸餾廠，除了原先的蒸餾所（白州西蒸餾所），又加入了另一個廠房（白州東蒸餾所），如今的規模不比當年，但仍然不容小覷。而且最厲害的是：白州成功結合了超現代（白州有時看似一間屬於未來的麥芽蒸餾廠），同時又不斷改進傳統的威士忌製造法。我感覺這是非常日式的做法。全球有太多蒸餾廠訴諸「融合過去與未來」這種油腔滑調的空洞口號，這通常表示雖然蒸餾器的形狀沒變，但經理的辦公室裡現在有一檯義式咖啡機了。

同樣的，許多蒸餾廠引入現代科技或設備，持續用科技來遠離困惑的過去，給的理由是「效率」—— 利用科技更有效地維持烈酒的特質。這種做法確實有一些價值。

不過，在白州，三多利以科學角度運用了它對威士忌製作的深入了解，另一方面卻回歸到早被視為過時、「沒效率」的技術（至少在蘇格蘭是這樣）。願意重新引進「失傳」做法，是日本製作威士忌的一貫方式。日本蒸餾師從來不畏懼改變，甚至是徹底的改變。市場喜新厭舊了？我們可以改變。學習新事物能讓我們有更深刻的洞見？我們可以改變。換句話說，傳統是可變通、不固定的；傳統受到尊重，但不會變得形式化。

早上參觀的Mars，大概是時機可以變得多糟糕的極端例子，不過那裡有一種「只有嚴格檢視我們做的事、尋找新的途徑，我們才能存活下來」的風氣。在這裡又更明顯。原先的蒸餾廠在2000年沉寂，現在生產線都集中在白州東蒸餾所。

白州東蒸餾所是為了因應全盛時期調和威士忌需求提高而興建，因此，長久以來一直生產多樣的蒸餾液。今日的數量更多，使用了四種麥芽——無泥煤、輕泥煤、中泥煤、重泥煤。

我們來到糖化槽，容量是16公噸（我幾乎忍不住唱起美國鄉村歌手田納西．厄尼．福特〔Tennessee Ernie Ford〕的同名經典老歌）。白州的目標和Mars一樣，也是清澈的麥汁。宮本麥克說：「混濁的麥汁會像烏雲蔽日一樣蓋過香氣。我們用清澈和混濁的麥汁做了不少實驗，發現清澈的有股『清澈』的香氣。我們真的尊敬傳統，但我們

1910年裝設了新蒸餾器。

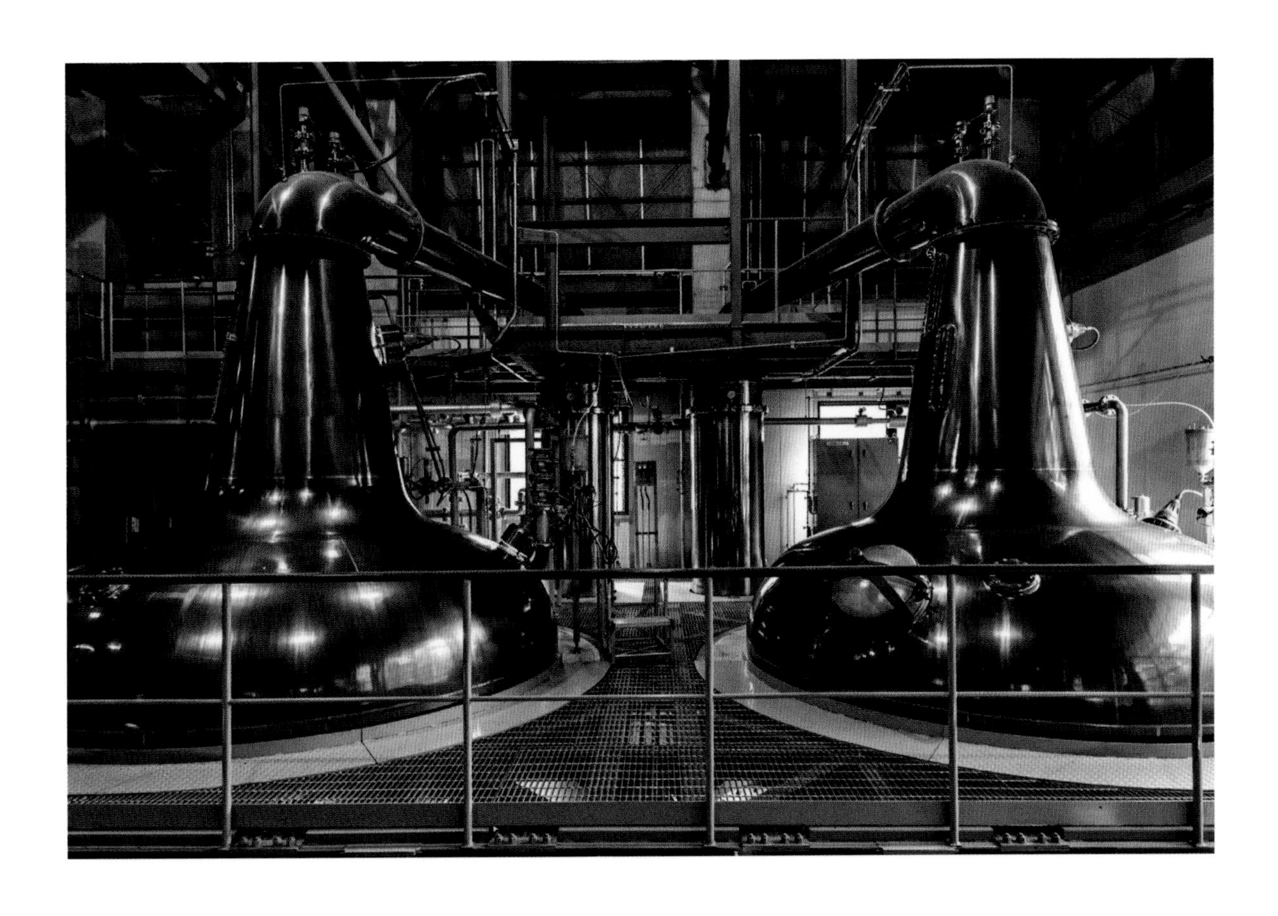

有很多領域可以創新，而糖化正是其一。」

我已經在御殿場的雅緻和Mars的甜美中見識過清澈麥汁的效果，不過那種澄清的透明感在白州更加明瞭。製作這種威士忌（尤其是泥煤版）是很大的挑戰：煙燻味會是強勢的影響因素，排擠比較幽微的香氣，加入可能破壞平衡的不甜。不過在這裡，即使是煙燻味最重的新酒都有一種清晰感，使得所有香氣都能有同樣的地位，結果是優雅而有一些堅持，卻不顯沉重。

小野說：「過濾層需要一點時間在糖化糟裡沉澱。這段時間急不得，以免過濾層受壓縮。這樣有助於得到酯類的特質，使香氣更醇厚一點。」

三天的發酵過程中，也用上不同的酵母。小野說：「蒸餾用酵母和艾爾啤酒酵母同時加入。蒸餾用酵母有助於得到穩定的產量（每公噸麥芽量得到的酒精公升數）。釀造用酵母無助於產量，卻能形成額外的一層複雜度。」

所以這是日本威士忌之所以有日本特色的一個因素嗎？宮本麥克說：「我們相信傳統的威士忌製作法和特質有很大的關係。蘇格蘭逐漸不再那麼做，因此我們可能成為『日本士忌』，因為我們遵照的是傳統的蘇格蘭威士忌風格！以科學的角度來看，我們不知道釀造用酵

利用木製發酵槽產生特定的特質。

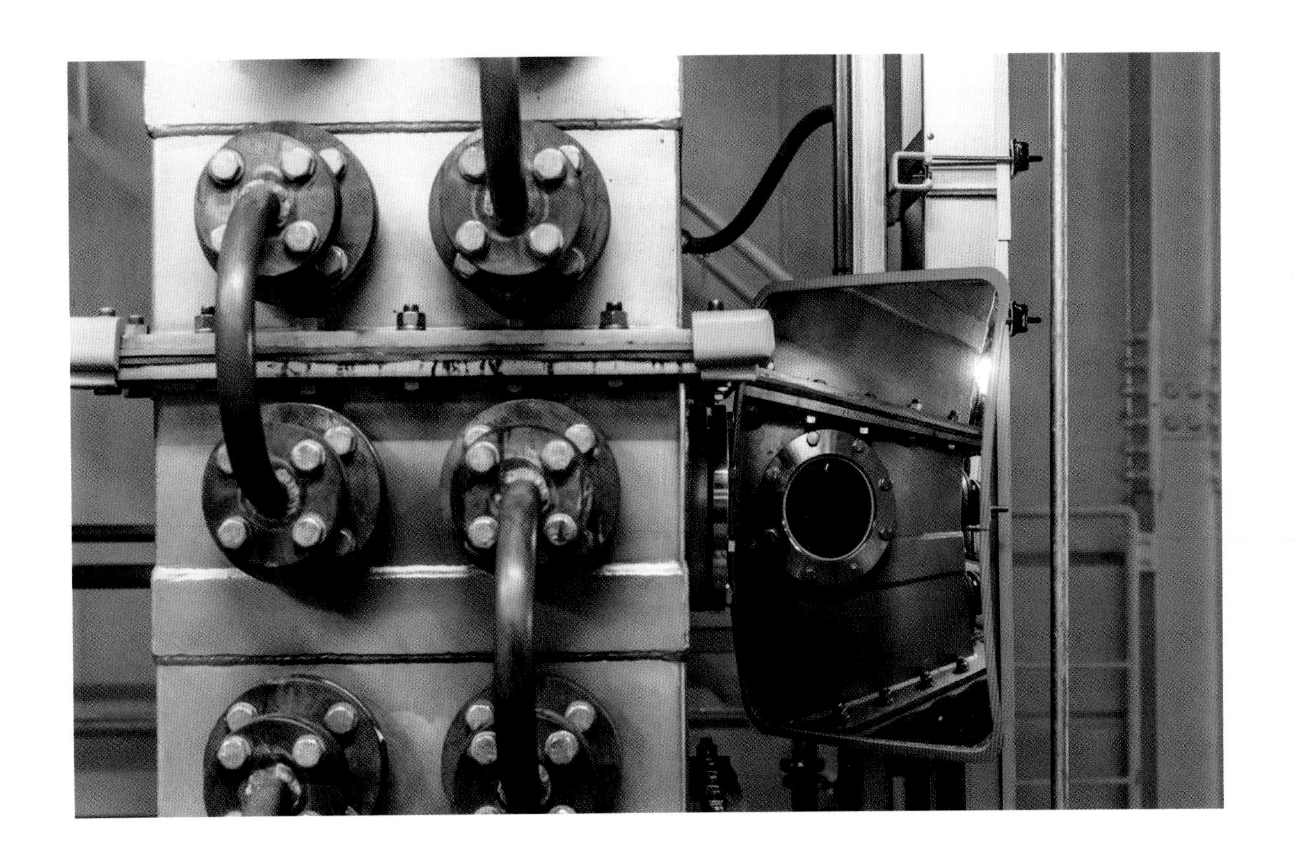

白州的柱式蒸餾器用來試驗製作穀物威士忌。

母為什麼行得通，但透過感官試驗，我們認為釀造用酵母讓酒有一種複雜度和飽滿度。」

白州祕方的另一個要素，是用木製發酵槽來發酵（共18座）。威士忌愛好者大多把發酵室視為配角樂團，是蒸餾器和木桶的雙料好戲登場之前，觀眾聽得心不在焉的過場。

然而蒸餾只是在濃縮、揀選現有的風味，而這些風味大多產生於發酵過程。威士忌所有的糖分都在48小時內轉化成酒精。拉長發酵時間，並不會讓酒汁更烈，卻有助於活化乳酸菌。為了產生更多樣化的風格，白州的發酵時間也有不同的長度。

酵母菌死亡後，乳酸菌開始影響酒汁。有些乳酸菌以死亡的酵母菌細胞為食；有些分解酵母菌無法轉化的糖；也有些直到過了70小時，酸度提高之後才活化起來。換句話說，乳酸菌有助於產生風味——以白州的威士忌而言，是芬芳的酯類，並在酒中增添一種乳脂感，帶來另一層次的複雜度。

別忘了這還是一間現代化蒸餾廠，在這裡不鏽鋼發酵槽看起來還比較不奇怪。宮本解釋道：「但如果用表面平滑的鋼，乳酸菌就無處躲藏。木頭是透氣的，有縫隙讓乳酸菌可以存活。」

這件事還有另一個要素——有人發現每間蒸餾廠都有自己獨特的乳酸菌落。因此這可能是白州威士忌只能在白州製造的一個原因。

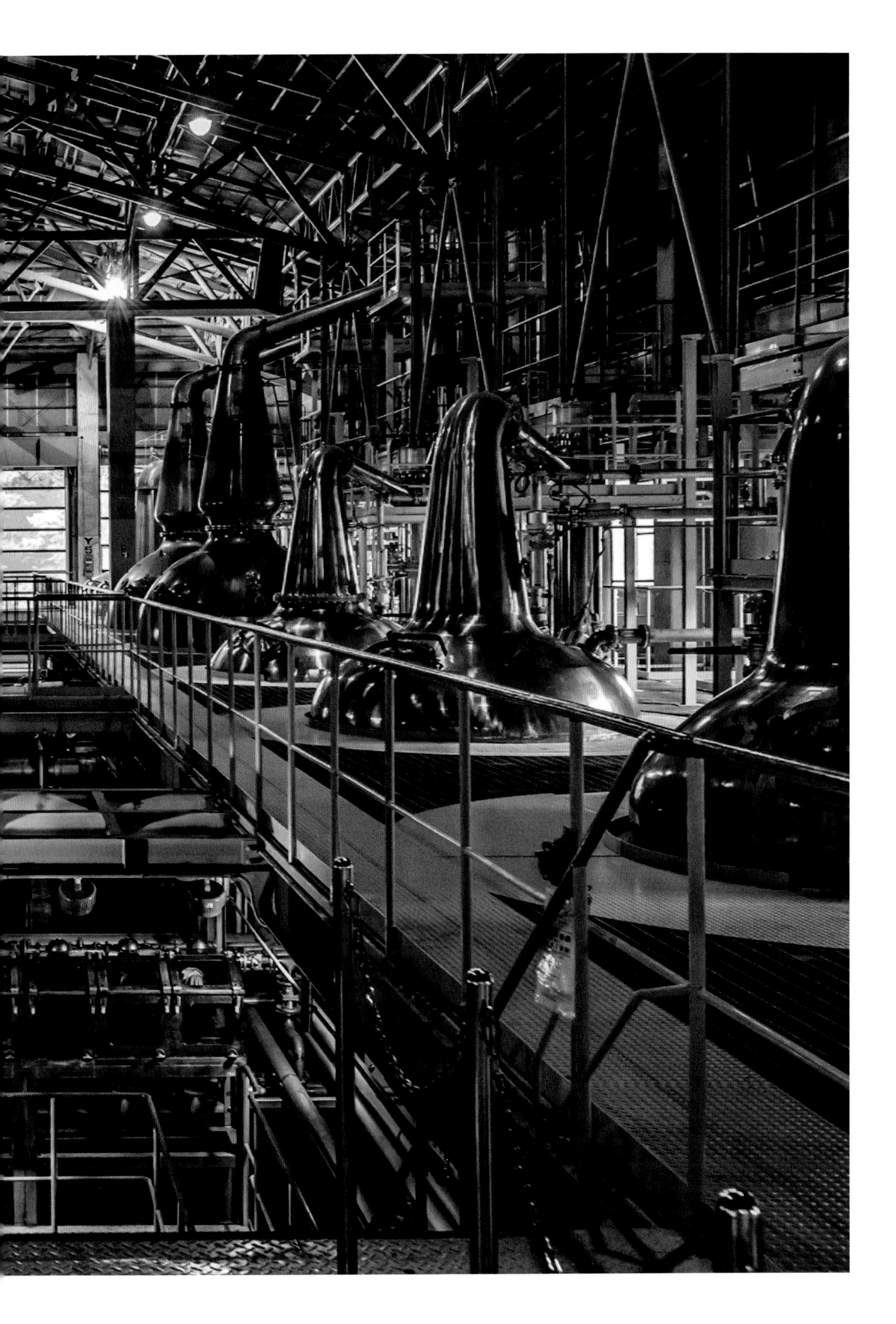

另一個原因是白州蒸餾器的種類多到有點誇張，令人不知該從哪說起。蒸餾廠大多選擇某一型的酒汁蒸餾器和某一型的烈酒蒸餾器，這裡各種蒸餾器都被搬上山。八對蒸餾器分屬七種型式，有胖有高，有瘦有圓。林恩臂有的上揚，有的下傾—— 有些可以拆卸下來，轉個角度；有些連接冷凝器，有些連接蟲桶。這些蒸餾器兩兩成對運作，各自為白州的風格創造一種不同的詮釋。看到這裡，無數的可能性應該已經讓你頭痛了。

蒸餾器的晶亮表面散發出有點令人發毛的光澤，微弱的詭異綠光更添怪異感，使得整個空間有某種龍穴的氣氛。說話時自動壓低聲音，聲音輕柔到氣音被酒汁蒸餾器的隆隆聲蓋過—— 這裡的蒸餾氣都是直接加熱，而非蒸氣加熱；這是這裡重新引入的另一種幾乎已遭淘汰的技術。

宮本麥克說：「以前，我們兩段都用直接加熱。做了許多實驗之後，已經把所有烈酒蒸餾器都改成蒸氣線圈加熱了。但酒汁蒸餾器還是維持直接加熱，因為第一道蒸餾和建立特質有關。第二道蒸餾只是精製和篩選，所以火沒什麼影響。」

從成立以來，白州經歷過擴張、縮減，現在蒸餾廠再度擴大。我們站在2010年最近一次擴張時添加的一對蒸餾器旁—— 那是再度對日本威士忌興起長期信心的進一步證據。小野說：「我們其實模仿了

白州西蒸餾所有龐大的蒸餾器，製作出輕盈的酒。

彷彿《駭客任務》電影場景的倉庫，許多不同的風味和桶型在此陳放。

山崎的罐式蒸餾器，但沒有鼓起。這樣就能得到更醇厚、更濃烈的複雜度。但我們不是在做山崎的威士忌喔！」

生產力或許提升了，但宮本麥克補充道：「看起來好像是為了生產更多，但這不是重點。重點是也要做出更多不同的風格。」

那麼傳統有多重要呢？「我們相信必須結合傳統與創新，要找到這中間的平衡點很不容易。比方說，要更換或新添蒸餾器時，我們可能不會維持原有的形狀——以製作蘇格蘭威士忌的角度來看，這就不叫傳統了。但這是用變通的方式處理傳統。

「山崎之前（1920和1930年代）的不確定性很高。我們可以說是在黑暗中摸索。白州是從頭設計的。我們知道自己想在這裡做怎樣的威士忌，但不知道可以做出怎樣的特質。」因此，某種程度上，發生什麼變化其實取決於蒸餾廠本身。

這些改變並未結束。除了新的罐式蒸餾器，2010年也設置了公司設計的小型雙柱式蒸餾器（包含18層隔板的分析柱和40層隔板的精餾柱）。小野解釋道：「即使是穀物威士忌，我們也需要有變化。這個蒸餾器非常小，所以可以蒸餾量少的批次，嘗試多種不同的穀物。我們有麥芽，能用它蒸餾百分之百的麥芽，或是裸麥、小麥或玉米。我們還可以取出精餾器中任何一層隔板的烈酒，因此可以收集不同的風味。我們喜歡做不同的東西！」

準備箍成桶的桶板。

這些就是讓白州的威士忌有日本味的原因嗎？小野說：「目標是做出適合日本人溫和味蕾的風味，不過，我也覺得日本人的做法一向是努力追求完美。這是我們與生俱來的民族性。」

宮本麥克插嘴說：「這也是傳統。改良特質和品質，絕不安於現狀，永遠不滿足……就是那種態度。」

我開始納悶，這是否和我想要把製作威士忌和傳統工藝技術結合在一起相同。一般都說，日本的傳統是建立在向過去致敬，固守一定的時代和方式。另一方面，現代日本顯然完全是在複製、調整，進行可以想像的改進。這是兩種不同的方式嗎？

我們走進蒸餾廠周圍的森林中。甲斐駒岳（Mount Kaikomaga-take）的山坡巍然聳立，雨和融雪緩慢侵蝕花崗岩，溪水匯入尾白川（Ojira River）的地方有一片白砂沖積扇——「白州」的名字就是由此而來。

倉庫出現在我們眼前，披覆著長春藤，像藏身樹木間的失落古城，隨著一年年過去感覺逐漸被地貌併吞。原來長滿長春藤是刻意的結果，這樣的覆蓋物能防止熱量散失；倉庫的下半埋在地下以保持溫度恆定，也是同樣的原因。這裡仍然是高山環境，溫度變化很大——冬天攝氏5度，夏天25度。宮本麥克說：「阿爾卑斯這裡比山崎涼快、乾燥多了，要花更久才能熟成。」

也許這也有助於保留白州典型的清涼草本清新感，彷彿森林的捲鬚悄悄滲透進威士忌的香氣中。倉庫裡的酒裝在金屬架上，彷彿《駭客任務》裡的場景。大部分的新酒是裝在美國橡木桶和豬頭桶中陳放，不過白州威士忌也用新的美國橡木糖蜜舊酒桶（puncheon）和歐洲的橡木雪莉桶來陳放（兩種都在三得利位於近江的酒窖熟成）。我試算了一下：4種麥芽，8對蒸餾器，可以得到32種不同的選擇，倒入5種不同的桶型，然後……我的頭開始痛了。

附近是三得利的製桶廠，沒有開放遊客參觀，龐大的掛具上滿是氣味香甜的橡木，帶有酸澀、巧克力香氣的炙烤味，沉默的勤奮。工具、暗淡的金屬和磨舊的把手。到處都是成捆的桶板，堆疊成水平的一叢叢，每片桶板經過檢查、清理，再重新裝配成波本桶或豬頭桶。如果說蒸餾師是靠氣味來工作，製桶師就是靠聲音——絞盤在木頭上的嘎吱聲，鎚子鎚在金屬箍上的叮噹聲，刻出桶板槽時的銼磨聲，是猛烈與溫和、角度與壓力的奇異混合。

我們離開蒸餾廠之前，去舊蒸餾室逛了一圈。上次我來的時候，那裡是被遺忘的殘骸，12座龐大的蒸餾器在微光中陰森而立。置身其間，雪萊（Shelley）那首〈奧西曼德斯〉（*Ozymandias*）末尾的詩句可能會在昏暗中回響：「爾等能者，見吾傑作，亦將折服。」蒸餾器的尺寸見證了當初為滿足日本威士忌熱潮所需的產量；而今蒸餾器的沉寂卻又無言地證實了突然的式微。取而代之的是更新、規模更小、更有彈性的選擇。

森林環境似乎反映在白州的威士忌中。

宮本麥克說：「第二間蒸餾室建成的兩年之後（1983年），是這類型在日本的巔峰。實在驚人——三得利光是在日本，一年就賣出1200萬瓶。我們不需要多種風格，只需要一種，也就是當時這座蒸餾廠提供的風格——輕盈的單一麥芽威士忌，用來攙兌我們的調和威士忌。然後威士忌開始走下坡，這時蒸餾的目標不同了。現在我們需要的量比較少，但要更多變化，所以不再需要這間蒸餾室。」

簡單地說，潮流從調和威士忌轉換成麥芽威士忌——不過並不是無縫轉換。宮本麥克補充道：「我們建造新蒸餾室的時候，完全沒想到單一麥芽威士忌。雖然1984年推出山崎的品牌，但我們不確定之後會是什麼狀況。別忘了，就連1990年代我們的重點從調和變成麥芽的時候，整個產業都是在苦撐。」

這裡曾是黑暗的陵墓，也是市場善變與過度擴張的教訓，現在變成了掛著枝型吊燈的紀念館，提醒世人改變是必需。這空間有時會舉辦招待會，蒸餾器現在成了像背景一樣的無害存在。那是從前的事了，我們已經拋開過去。

所以三得利的風格是什麼呢？宮本麥克乾脆地答道：「是永不放棄的精神。即使在那25年的衰退期間，我們仍然相信自家的威士忌。鳥井的座右銘可以翻譯成『放手去做』，就是那種態度。我在這家公司37年了，我們永遠在實驗，永遠在放手做。雖然未必都會成功，但你必須去嘗試。這是創辦人的精神。」

或許我是用一種「非此即彼」的方式在看這件事——一件事若非超級傳統，就一定現代。然而傳統是活的、可以變通。我們很容易把威士忌視為僵化的連續體——一個蒸餾廠的風格固定，雖能改進，但會維持不變。風格就像指紋、像烈酒和酒桶組成的雙螺旋一樣永久不變。現實比較微妙，不只接受改變，更歡迎改變。事情就是這樣——季節、人、知識與理解。原地不動，等於抗拒自然的進程，結果是你被遺留，變成化石，困在岩石之中。你應該做的（也很適合這個場景），是隨著吹過松樹間的風而動。

長滿長春藤的倉庫似乎融入風景中（上圖）。宮本麥克思索著出色的成果（下圖）。

品飲筆記

白州蒸餾所的目標，是在一種風格中儘可能產生廣泛的變化，做出某些新酒的味道，那些調和的成分一看就知道有太多其他可能性可以取用，很容易令人手足無措。

無泥煤的新酒是很好的指標，已然展現了蒸餾廠輕盈、青澀而帶青草味的特質，以及甜瓜果香，和類似鮮味的口感。中泥煤一樣清新，但由於煙燻而稍微不甜；重泥煤版則帶你來到森林中的營火，不過威士忌本身仍然精準而十分細緻。這下子再加入蒸餾器的所有選擇……嗯……你明白我的意思吧。

穀物蒸餾器的新酒一樣迷人。玉米基底的新酒有不錯的重量感——比知多（見114頁）最厚重的更濃厚，並且多了紅色水果香。含有40%裸麥的一個穀物配方有玫瑰香爽身粉、五香精和覆盆子的香氣。小麥基底的蒸餾液焦點更集中，更強烈，帶一些甜味，酸度更明確。

裝瓶的系列中，（還算）新的**蒸餾師珍藏**（Distiller’s Reserve，酒精度43%）示範了無酒齡標示威士忌應該怎麼做。甜瓜、一點羅勒，但也有柔和的甜果香，帶有一絲杏桃味。口感是十分圓潤的生小黃瓜，但有舌中段的感覺很明確。相較之下，**12年**（12-year-old，酒精度43%）似乎比較輕盈，有新鮮草本植物、薄荷、冷杉和微微的煙燻味，和尾韻的酸味一拍即合。這或許是白州低調冷靜的典型例子。

18年（18-year-old，酒精度43%）則突然跨入更醇厚的領域（三得利常有這樣的處理），不過既是白州，就比較節制。覺得比較有薑和巧克力、梅子和杏仁的味道。口感有一點熱帶水果和甜瓜，煙燻味也比較明顯。**25年**（25-year-old，酒精度43%）偏向比較奧妙那邊，有一種深沉蠟質的成熟風味，帶有烘烤／乾燥的甜水果香，但仍然有蘚苔味為支撐。單寧味柔和（相較於山崎之類的威士忌），酸度仍在。

林中的麥芽威士忌（下圖）。白州的高球威士忌（下圖右）。

威士忌道

我們往黑暗中駛去，開上一條愈來愈窄小的路，前往點綴這一帶山區的其中一間高山樣式旅店。接待區空無一人。宮本麥克帶我們回到旅店外，來到一間廚房兼餐廳的小木屋。我們圍繞一個地爐而坐。立刻送來了高球威士忌。濃烈、標準。是白州的。「給我們醒醒腦。」火爐的煙和飲料中細緻的煙燻味融為一體。我們交流故事和笑話，持續添酒。

一頓步調緩慢的漫長晚餐開始了。完全是在地食物——在餐廳周圍10公里範圍內採集、種植、宰殺或捕捉。隱約是義式風味，但加入日本變化。鱒魚和鹿肉，新鮮蔬菜和山葵，三年的味噌，啤酒花苞、燻鴨、自製豆腐和一盤味噌口味的熱沾醬沙拉。和下午相同的主題再度出現——汲取、激發靈感、吸收、演化成有地方特性的模樣。這間旅舍的做法和蒸餾廠或製桶廠沒什麼不同。

又送來一輪高球威士忌時，宮本麥克說：「當然會變成日本的樣子。我們是日本人，我們在日本啊！那些風味就在我們身邊，而我們用日本的方式面對一切事物。我們做的任何事都成為一種『道』。」道就是「做某件事的方式」，可以應用在茶、花、食物……和威士忌上。

「我們三得利從來不把製作威士忌看作『生產』。我們嘗試、追求品質和特質。那就是威士忌道，而製作威士忌是工藝和自然的藝術。」他淡淡地笑了笑。「他們說太誇張了，『不過就是威士忌而已』，但我們更深入——是威士忌之道，是威士忌的藝術。」

當然了。正是這樣。差別就在此。在日本就是這麼做事的。跟創意有關的事情會受到這種態度影響也是必然——這種方式就是職人的傳統。

我們走出餐廳，拿著白州18年坐到外面另一堆火邊，看著木柴閃爍、頹落成灰，脣上沾著威士忌，談話在圈子中起起落落，餘燼中光影隱現。

我想起道元禪師（1200-1253年，日本曹洞宗禪法的創始人）對存在與時間的比喻。「如薪成灰，不重為薪，雖然如此，不應見取灰在後而薪在前。應知薪……住於薪之法位，雖云薪前灰後，卻是前後際斷……灰住灰之法位，雖云灰後薪先，亦是前後際斷……生是一時之法位，死亦是一時之法位。例如春冬……」一切都應受到關注、領會，再任其消逝：季節更遞、一口啜飲、稍縱即逝的瞬間皆如是。

我們離開營火開車回去，車子在濃霧中緩緩下山。他們把我放在克伊森林飯店。結果我是唯一的房客。

房間既壯觀又極簡主義。我頭髮裡還帶著木柴燃燒的氣味，隨手拿出某一本蓋瑞．斯耐德（Gary Snyder）。在日本威士忌的書裡引用美國詩人，好像有點奇怪，但是他帶我認識日本，種下了種子，那種子繼續受他文字灌溉。我旅行的路上總會帶一本他的書。這次我帶的是他的散文集《禪定荒野》。不知為何翻到這篇：〈道之外，徑之外〉（*Off the Path, Off the Trail*），我已經讀過許多遍了。某種程度來說，這篇散文說的是荒野和道元的格言，「行即道」，或許是這樣，那段文字才會浮現在我腦中。

不過那些文字突然有了不同的意義。斯耐德寫道：「『道』原指路、途、徑，另有一引申義是指一門藝術或手藝的實踐。在日本，『道』發音為dō……」

接著他詳述職人的人生階段，一開始是嚴苛的學徒時期，時常是由一位壞脾氣的師傅指導。「一個人一旦踏上學藝之路，就無法回頭，唯有全身而進，潛心鑽研，心無旁騖，苦心精練這一門手藝。然後，學徒逐漸進入學藝初級階段，開始學習一些更為深入的手藝技巧、工藝標準、行規祕密。這時，他們才開始體會到如何『與工作融為一體。』」

或許我已經開始上道了。

秩父
Chichibu

秩父蒸溜所

從白州到秩父

清晨4點，在黎明的合唱中醒來——布穀鳥正在進行例行鳴唱，一隻啄木咚咚地不知道啄著哪一棵枯木，還有其他無法分辨的嗡嗡聲和鳴聲。誰叫我沒關上陽臺的門。我在寂靜的旅店裡遊盪。每層樓都有一座玻璃展示櫃，裡面放了日本繩文時代晚期（公元前1萬4000年到公元前300年，屬新石器時代）的土偶。那些造型奇異，頭呈楔型，兩眼歪斜或戴著護目鏡的外星人，全都有複雜的漩渦裝飾。

就在這個時期陶器開始用於煮食——發酵也由此開始。這是麴、味噌、納豆、醬油、漬物、清酒、味醂、啤酒、葡萄酒……以及威士忌的先驅。這是個冒著泡泡、充滿發酵味的國度。

旅店隔壁不知為何有一座獻給紐約新普普藝術家凱斯・哈林（Keith Haring）的博物館，我快步逛了一圈，心裡想著他一些圖案和土偶之間的古怪關聯。天下沒有新鮮事，只有變化。

我再度渾身溼淋淋地回來時，雄熊和武耕平在等我了。開往秩父的車程無窮無盡。最直線的路程是130公里出頭，不過必須穿過山區，這時正在下雨，所以決定走公路。

天氣陰沉，車內死寂。武耕平收起相機，打起了盹。我們彷彿正開過無止境的洗車場，就連他也難以找到有趣的東西來拍。像這樣的日子裡，無山可看，唯一的目標是到達目的地，很難提起勁來。而且我想到只有我待在那間奢華的旅店，也有點內疚。即使想到雨只是等待誕生的威士忌，也絲毫無助於心情。

路朝東南邊繞了一大圈，我們開始受到東京的重力吸引——我一度以為雄勝看到新宿的路標時，決定要載我們回去了。

我們拐向北、再朝西去時，雨勢開始減弱，最後我們終於彎向秩父。雲朵宛如山上升起的水蒸氣。武耕平又拿出了他的相機。

一條神祕的小徑通向秩父上方的森林。

秩父

每次我去秩父，都有些新玩意兒。這座小蒸餾廠在秩父市的西北邊，相隔兩座山谷，成了一間威士忌大學，也是全球各地新蒸餾廠的標竿。所有人肥土伊知郎（Ichiro Akuto）當然太謙虛，不肯接受這樣的說法。他反而稱讚小伙子們做得很好，並且不過分地指出他們的資金、產量和影響力可以造成比他更大的風潮。

不過肥土伊知郎可以和大廠的同級人物接頭，確實是很大的一步。十年前，這些公司甚至不願和彼此接觸。現在卻有一股幾乎像大學中的風氣，至少是在生產這一塊。

肥土伊知郎在酒廠和我們見面，隨同的還有他的全球品牌大使吉川由美（Yumi Yoshikawa）。我和肥土伊知郎是在蘇格蘭初遇，當時他不斷出現在各家製桶廠、銅匠工坊和品酒會，為他的夢想尋找他需要的資源。

這座蒸餾廠在2008年開張之後不久，我就來了，之後時常回來了解狀況。每次都有新的擴充、新的發展，而伊知郎想創造一間能展現地方特質的蒸餾廠，這樣的全面願景也持續擴張。

比方說，他們現在在做發麥，一次1公噸，用的是當地生產的大麥。其實有些還是他們自己種的。沒什麼奇怪；這是他們一貫的做法。每次開始研究程序中的新部分，團隊就會直取源頭（去找大師），上專業密集班，學習做法。想要自己發麥，滿足一部分的需求？他們全都跑到諾福克（Norfolk）的Crisp Malting發麥廠去學習。他們想種大麥？他們就坐上曳引機、種下大麥，然後採收。

今年他們發了5公噸的大麥（目標是讓當地大麥占蒸餾廠需求的一成），而我很走運，當天正在蒸餾第一批。在伊知郎的願景中，這是理所當然的一步，有助於讓蒸餾廠和社區更深入結合。當地是以生產蕎麥為主，並沒有種植大麥的傳統，不過蕎麥收成之後，田地就閒

秩父的燻窯呈佛塔狀，有助於處理當地的大麥。

置了。伊知郎解釋道：「我們開始提起我們在英國是怎麼做大麥芽，當地有些農民想在冬季運用自己的土地，就問我們如果他們種大麥，我們會不會有興趣。這很有趣——而且他們還有錢賺。」

他們試驗了不同的品種。「『彩之星』（Sainohosi）是在雨季前採收，然後是二稜的山區品種『三芳二稜』（Myosi-Nijo）。我們也試驗老品種，例如產量低的『金瓜』（Golden Melon），這是日本首次用於威士忌製作的大麥。金瓜種植的海拔高，產量低，收獲時間晚——正值雨季。」

這裡的「產量低」表示每公噸大麥得到的酒精比較少，這種事會讓會計師抓狂。不過伊知郎會反駁，這可能帶來不同的風味；可能正好開啟新的可能性。

這是很大的一步，因為數十年來，日本蒸餾師都使用進口麥芽——來自英國、歐洲和澳洲。日本是稻米生產國，隨著這個產業拓展，土地無法供應所需的產量——而且成本高昂。

或許這個決定也是因為伊知郎需要強化自己的根基。他的祖先早在1625年就開始在秩父釀造清酒。公司位在羽生市（Hanyu）的蒸餾廠關閉之後（見107頁），伊知郎就決定重新開始。「如果我有很多錢，我會找遍全日本，不過幸好我在這裡經驗過清酒釀造，而我知道這裡的水適合釀酒。要找到一塊好地建立新蒸餾廠也不容易，所以我決定從這裡、從我出生的地方開始。」

秩父的發酵槽是用水楢木製成。

一開始，秩父就將泥煤麥芽用於一個酒款。泥煤麥芽都來自Crisp Malting發麥廠，不過現在正在試驗一些當地的泥煤，沒錯，團隊學會了如何挖掘泥煤，並且研究過燻窯的運作方式。成品顯然帶有焚香的氣味。

我們脫掉鞋子，穿上橡膠拖鞋，走進無隔間的蒸餾廠。一切都同時進行——碾麥機在運作，糖化槽正在注滿，蒸餾器啟動了，木桶也在準備，裝瓶、上標籤的步驟也在進行。一切都在運作。

碾麥機旁，一個團隊的成員用老式的「搖盒」（shoogle box）來複查研磨狀況。搖盒由不同尺寸的篩子隔成水平的三層。把碎麥芽（粗粉）倒到頂層，蓋上蓋子然後猛力搖晃（蘇格蘭語就叫「shoogle」）。然後三層分別秤重，檢查比例。伊知郎開玩笑地說：「他得更努力一點。」我在我的iPhone上找到巴西歌手喬治・班（Jorge Ben）的一首森巴舞曲。如果可以用那小子汗如雨下的汗水來判斷，他的節奏似乎正確。

糖化槽旁，一個年輕人正在教一個職場新鮮人，年輕人自己似乎也才剛畢業。他們注視著每一波的水和粗粉，彷彿不完美的一小滴糖化液就能危及品質。

糖化槽本身很小，只能容納1公噸的粗粉。糖化液靜置30分鐘，澱粉會在這過程中轉換。「可以輕輕攪拌，但必須在抽取之前。我們要的是澄清的麥汁。」

我們辛苦爬上梯子，看進發酵槽；這裡的發酵槽是非常昂貴的水楢木做的（見90頁）。只是為了美觀嗎？「我其實考慮過不鏽鋼，但我有個弄木頭的朋友提議了水楢木。我真的很高興。他認為水楢木中可能長著另一型乳酸菌（宮本麥克描述過這件事；見59頁），所有可能做出另一類的風味。

「靠著測量酸度，就可以判斷乳酸菌的活力，所以我們考慮的不是時間，而是pH值。我們需要讓pH值降到4。到那個酸度，就能得到我們要的酯類和複雜度。所以我們會看狀況，改變發酵的時間長短。如果pH值超過4，我們就會把糖化液留在那裡。」他心不在焉地摸摸一個發酵槽的外壁。「每個都不一樣，不過如果你想知道平均值，是90小時。」

在這裡，你開始明白在秩父發揮作用的直覺、經驗、創意與逐漸增長的信任。這裡不是第二座羽生蒸餾所，未來也不會是。「不論如何，秩父的環境影響了特質。」

烈酒正在通過兩座小蒸餾器（容量2000公升）。蘇格蘭的烈酒保險箱會上鎖，蒸餾師必須靠著經驗和儀器來取酒心，這裡只放了一只酒杯，任人取用。

經常檢驗：收集槽（下圖）和烈酒保險箱（下圖右）。

緊緊箍住——這是水楢木發酵槽的一條束帶（上圖）。抱持全面願景的肥土伊知郎（右頁）。

伊知郎說：「我們一向是依據風味來取酒心。所以實際的分酒點可能改變。我們通常在酒精度72或73%時開始擷取，然後無泥煤的在63%停止，泥煤則是在61%。不過冬天時，因為輸入冷凝器的水溫低很多，我們會得到比較厚重的烈酒。冬季蒸餾的烈酒比較適合長期熟成。」季節的主題又出現了。

這和酒汁與銅的對話有關。烈酒蒸氣和銅接觸愈久，就愈輕盈。由於冬季進入冷凝器的水比較冷，表面溫度較低，所以蒸氣變回液體的速度較快，成品就比較厚重。

這一切都是在測試蒸餾廠的能耐。宮本麥克在白州提過，這些是活生生的實體。我張望四周。這整個地方生氣勃勃，糖化液的香甜氣息，發酵槽傳來令人頭部抽痛的刺激味，烈酒保險箱散發的複雜度，以及未來終將加入的濃厚倉庫真菌味。這是活生生的過程。

想要秩父成功，而且存活下去，伊知郎必須探索所有可能性，即使他謙遜得一直對自己成果的重要性輕描淡寫。他時常說：「我們小得很。我們還在學習。」他說得沒錯。這裡的生產水準和大廠比起來非常小，而且一切都還很新、很實驗性，所以伊知郎說秩父還在很有可塑性的階段，一點也沒錯。團隊在學習，而蒸餾廠正在站穩腳步。這兩方需要攜手並進。

現在秩父成了作家和威士忌迷（以及威士忌迷作家）的搶手貨。這裡呈現出的可能性讓我們都興奮不已。伊知郎說：「別著急。威士

忌需要時間。終有那一天。」不過你可以了解那種迫不及待。秩父是日本一段新威士忌時代的序幕——而且全球都能買到（雖然量很稀少）。當時只有三得利和Nikka。御殿場沒外銷，輕井澤（Karuizawa，見106頁）關閉了，而Mars已遭遺忘。

有時你會納悶，秩父首次發行受到的贊譽，是否有「國王的新衣」的成分——就像輕井澤當初的情況，那時候大家暫停批評機制，因為當時它還很稀有。不過秩父一開始就表現出色。問題不在秩父的品質，而是誰會依循伊知郎的典範。這是一個剛開始多樣化的產業，伊知郎不能把這產業的展望扛到自己肩上。

而這裡是驚奇之地。我瞥了武耕平一眼。他和我一樣，臉上掛著燦爛的微笑，只是笑中帶了點困惑。他也看到了。很難不注意到。很少蒸餾廠會在地板中間有顆巨大的木頭蛋。可能是裝置藝術。或許會有一隻大木雞坐到木頭蛋上。

「伊知郎？那顆蛋是怎麼回事？」

「喔！」伊知郎哈哈大笑，好像他也很意外似的。原來那是法國頭號製桶廠塔宏索（Taransaud）來的，原是為葡萄酒業製作。那家公司宣稱，蛋型會產生微弱的漩渦，加強葡萄酒的口感。「他們問我們想不想知道，如果我們把那個和成熟的威士忌結合，會發生什麼

秩父的裝桶過程。

秩父成了一所威士忌大學。

事。所以就放在這裡啦！可以裝十桶，所以我們把它當作某種索雷拉（solera）桶。」（換句話說，絕不倒光桶裡的酒，這樣才能維持一致，並且從較老的威士忌得到一點深度。）

然後呢？「確實似乎開始變得比較香醇。」

秩父有一種「如果那樣不知道會怎樣」的元素。迅速填滿的庫房（已興建第四間，預計一年內會裝滿）擠滿你能想到的各種桶型：波本桶、豬頭桶、美國橡木的糖蜜舊酒桶、歐洲橡木的雪莉桶和豬頭桶；法國橡木的紅白葡萄酒桶、波特桶、馬德拉桶、水楢木新桶、蘭姆桶、渣釀白蘭地桶、干邑桶——還有龍舌蘭桶。全新和二次裝填的桶，以及伊知郎自己的發明——很小的小樽（chibidaru，直譯是「小巧的酒桶」），桶板可能是白橡木或水楢木。有些用於全程的熟成，有些是過桶用，有的可能二者兼有。

「我們是非常新的蒸餾廠。在蘇格蘭，蒸餾廠限用雪莉桶或波本桶，因為他們歷史久遠，已經找到適當的酒桶，但我們還新，所以我想儘可能多做嘗試，找到這間蒸餾廠最適合的酒桶。」

「所以呢？」我脫口而出（作家的沒耐性又爆發了）。

「要說哪一種最適合，現在還太早。非常不容易。」

最後一個新發展發生在山坡下，就在最後一個輕井澤遺跡旁的棚屋。那是一間專門建造的製桶廠。我們一直打算找埼玉市的齋藤光雄（Mizuo Saito，製桶師），吸取他的經驗。最後我們決定請他教我們

製桶。目的是為了知道怎麼製桶，並不是我們想自己做。

「2012年，他年紀大了，後繼無人，所以決定關廠。」伊知郎環視那間設施。「這些老機器都會被當成廢金屬變賣。所以我們買了下來，在它周圍建立一間製桶廠。我們製作自己的酒桶之後，學了不少木頭的事，例如紋理的寬度如何影響品質。較寬的紋路會帶來單寧和顏色，密度愈高，香氣愈濃，所以對我們有好處。我們今年秋天可望拿到當地的木頭。」

不過為什麼要多這一步？

「為什麼？因為有趣啊！我們是威士忌狂熱者，戴夫先生，我們想學會怎麼做威士忌，包括學會製作麥芽、酒桶，甚至種大麥。」

真是典型的伊知郎風格。當然和製作威士忌、多少能控制參數有關，不過其中也有樂善好施的面向——幫助當地農民或老製桶師，僱用上門來討工作的那些年輕、懷抱熱情的人。其中隱含著想要了解工藝和經驗的欲望——向大師學習，不論大師是農人、麥芽製作者、製桶師或其他蒸餾師。這正是威士忌道。

我想到丹麥頂尖餐廳NOMA之類的餐廳，他們的廚師不只是來作秀，更會參與從種植食材到料理成品的整個過程。

以這種心態來看，他不擁有製桶廠就太蠢了。我很想問他想不想學怎麼做蒸餾器，但我怕下次又會出現一名銅匠。

我們邊試飲，邊閒聊。伊知郎說：「日本威士忌遵循蘇格蘭的傳統。但即使在蘇格蘭，每間蒸餾廠的個性也不同。在日本，溫度的差異會造成特質——而且氣候也不同。」

「我不能說『日本威士忌』，因為我們在做的是秩父威士忌。我們謹守正統的威士忌製法、並了解對秩父而言很自然的小細節，藉此追求秩父的特質。我們設法以現有的條件，做出最好的威士忌。」

全球品牌大使由美補充道：「不是只有一種風味。其他公司的技術高超，而且不死守一種風味——三得利就從來不會那樣。我們也不只想著單一的特質。我們必須讓秩父發展。秩父站在傳統和發展之間。有些國家只嘗試新的東西，而我們尊重傳統，但絕不停止思考發展。我想，日本人就是這樣。」

前一次來訪時，伊知郎說：「我在這裡，才真正開始欣賞環環相扣的自然循環；那是製作好威士忌不可或缺的要素。不只是蒸餾廠的建築，而是我們周遭的一切。除了蒸餾，也和育林、務農有關。需要這一切——」他揮手指了指周遭的土地，「——才能做出好威士忌。」這或許是將近400年的觀點得來的領悟。

秩父在做的事，也讓日本威士忌有了一種新的觀點。他們回歸土地，和種植、發麥芽、挖泥煤、製作木桶的人重新建立關係，因此讓日本威士忌回歸早以忘卻的根源。既新穎，又傳統。

伊知郎和他那群年輕的狂熱工作夥伴展現了可能的新方法會是什麼模樣，而那些方法全都建立在一種地方感、社群感，與古老而幾乎遭遺忘的手藝上。

秩父的新製桶廠正在運作。

秩父的名聲傳遍全球，實至名歸，因此人人都想嚐嚐秩父的威士忌。然而秩父是一間小蒸餾廠——而且很新。肥土伊知郎必須平衡需求，讓大家開心，同時維持大家的興趣，並且為未來累積庫存。威士忌愛好者要有耐性；你會得到回報的。

無泥煤的新酒稍帶滑膩，清新而強烈，只有一絲穀物味。加水帶出多汁水果、藍莓和蘋果味。香氣在口中久久不散。重泥煤的新酒保留甜味（現在已經像布里歐許奶油麵包的香氣），以及燻烤蘋果、木柴燃燒以及有趣的溼洋毛元素。煙燻味在舌頭上很濃烈，另外有一股植物的氣息。

2009的首次充填美國橡木桶在大黃與草本氣息外，增添了經典的香草與松樹香調。加水帶出桃子和日本式的清晰感與濃郁感。口感充滿辛香料和多汁黃色水果。其中如果少了水楢木，就不是秩父了。2008年的一款首次充填已經吸取了檜木和少許焚香的味道，底下有柔和、幾乎像奶油味／樹脂的元素，和成熟水果的元素作為支撐。單寧已經開始轉化，同時還有山椒、甜香料和香草。雖然早了兩年，但有泥煤，使得水楢木和烈酒朝不同的方向發展，煙燻味和木桶的醇厚產生新的香氣元素，類似樹脂，久久不散。

裝瓶的產品中，最新的2015年款**秩父On The Way**（Chichibu On The Way，酒精度55.5%）調和了不同的年份酒，帶有芬芳的花香（確切來說是龍面花和伊蘭伊蘭），重量感不錯，聞起來有點冰糖味。嚐得到秩父溫和但自信堅持的特質，以及花朵、白桃與蘋果煮熟的香氣。尾韻清新，帶著不錯的酸度。

製作出多樣的風格。

2015年泥煤版（The Peated 2015，酒精度62.5%）蒸餾於2011年。深度不錯（羊毛的香調又出現了），還有青草的氣息，以及紫蘿蘭，並且有類似日本柚子的上揚感。口感有超齡的豐富度。煙燻味初時最顯著，不過不久之後會出現秩父的平和與優雅。

旅館人生

秩父是個有趣的市鎮。表面上看似溫泉和日常生活的平靜之地，只有在12月的夜祭才會熱鬧起來，但實際上，只要知道該往哪去找，就會發現這裡其實是個飲酒作樂之地——如果你要找的是威士忌，就找Te Airigh去吧（意思是「泰瑞的酒吧」），秩父的團隊會全部跑到這裡來聊威士忌、瞎扯淡；畢竟這裡就是這樣的地方。

不論是誰，能忍受的乳酸菌終究有限，尤其是啤酒和威士忌不斷送來，但是和產品總監門間女士還有更重要的事要討論，例如哪裡能找到最好的蟹味噌（蟹腦壽司）。顯然是北海道的東西，毛蟹做的。「你喜歡嗎？」她一臉詫異。「我幫你寫下來！一定得試試。會讓你⋯⋯」她比出我的腦袋爆炸的樣子。

之後我和由美的談話嚴肅起來，談起日本威士忌缺乏規範，可能使投機者做出劣質的所謂「日本威士忌」，可能對整體威士忌類型造成負面衝擊。日本和其他製作威士忌的國家不同，不須標示最短年份——因此就連新酒也可以自稱威士忌；可以使用任何木材做酒桶，中性烈酒也能用來調和。蘇格蘭威士忌可以在日本裝瓶，標上漂亮的日本酒標，偽裝成這個國家的出品。我們看著陳年的米燒酎在美國當成日本威士忌販售。

這種明顯寬鬆的政策源自戰後，當時需要穀類作食物，因此威士忌製造者必須運用不同的材料。從經濟和營養觀點來看是合情合理，但由美指出，世界變了，規範卻停滯不前。理論上沒有辦法能阻止中性的未熟成烈酒自稱日本威士忌，隨著日本威士忌的利潤水漲船高，這種狀況令人憂心。

「夠了。」伊知郎說，「該再來一輪了！」

由美帶我去我過夜的旅館。該泡午夜溫泉了。要泡午夜溫泉，總是有時間。讓你有時間舒緩疼痛、放鬆、思考。

伊知郎和團隊沒說：「我們在做日本威士忌」。他們說的是：「我們在日本做威士忌，因此本質上就成了日本威士忌。」說準確一點，他們說的是：「我們在這裡製造威士忌，所以就成了秩父威士忌。」

早先，我跟門間女士說：「可是你們不需要犁田、收成、挖泥煤。」她一時看起來不知所措。「也不是不行啊？這樣才能學習，如果在實作中學習，就更能判斷細微的細節。」

這是注意細節那麼簡單的事嗎？不能說蘇格蘭沒這種態度。也許在這裡，重點在於他們共同的威士忌思維，以及他們與地貌之深刻關係的本質。那就是利用你的條件，和其他職人合作。

威士忌道並不是空洞的詞；威士忌道關乎學習、傾聽和實作。重點不是這個團隊比較在乎這件事；重點是地點和條件，使得他們用略為不同的方式展現他們的在乎。「誰比較好？」這種過度減化的問法的問題就出在這裡。日本人只是設法儘可能做出最好的日本威士忌。

我在床墊上一躺，立刻就睡著了。真是美好的一天。

拙樸

我該說說杯子的事。我們快到秩父的時候，武耕平決定想試拍看看「霧中高山」的畫面，於是我們下了公路，開上看起來可能往上坡去的第一條路。我們蜿蜒穿過低垂的樹木，和因雨而溼滑的古老階梯，經過一小座神社、一些屋舍、一間模樣古怪的天文觀測臺。停好車之後，我們走進林子裡，在雨中滑來滑去，雨水滴答打在葉子上。我在一間工寮裡躲雨，望向山谷另一側，而武耕平繼續往顯然是懸崖邊的地方走去。不久他就調頭，用一條毛巾擦著頭。雲層仍然太低，效果不完美，不過我這時已經知道他是無可救藥的樂觀主義者。「如果是陰沉的日子，就該是陰沉的日子。」他說，「照片最誠實！」

我們往山下去，但雄勝沒開回大路上，而是開過一連串狹窄的鄉間小巷，雨水濺起稻田裡的泥，我們的車子驚起一隻鴨子，鴨子氣呼呼地飛走。

雄勝把車停在某人屋子旁的車道上。我猜他迷路了要問路。結果他卻說：「好啦。午餐。」然後往後門去。我沒看到任何指標，但還是跟過去，然後走進一間迷你的蕎麥麵餐廳。

最棒的餐食最是簡單。酥脆的炸物、當地蕎麥做的冷麵浸到濃郁強烈的鴨高湯裡。牆上一張告示寫著，午間套餐包括一杯伊知郎的麥芽威士忌。店方得意地告訴我們：「他都在這裡吃。」不接受招待，好像很無禮。

一只質地粗糙的陶杯端上來，杯子的形狀不大規則，表面有一道道紅釉，內側有一層帶藍色的氣泡。是主廚的父親做的，感覺好適合，好簡樸。杯子裡盛著當地的威士忌，旁邊擱著當地的蕎麥麵，還有一碗高湯，很可能就是剛剛那隻鴨的伴侶做成的。這只低調的小杯子就有「拙樸」。

這可不是侘寂（wabi-sabi）那樣油腔滑調的美學名詞；雖然在日本工藝不可或缺，卻幾乎無法翻譯。拙樸的物品「低調」而深奧。完全不俗豔或浮誇，而是簡約、無矯飾。

20世紀，世人對傳統工藝重新燃起興趣，而柳宗悅是這方面的哲學家。對他來說，拙樸「不

是創造者在觀看者面前展現的一種美；創造在這裡是指……完成的作品能引導觀看者，讓他自己體會作品的美……拙樸的美，是一種能讓觀看者變成藝術家的美……簡樸、含蓄、往內關照（並帶有）簡單的自然性。」

長久以來，我一向相信威士忌（其實像所有的飲料一樣）完全不存在於發源的文化之外。威士忌有一種文化風土，而驅使威士忌被創造出來的那些需求、渴望與架構（不論是美學或哲學上的創造），都會影響文化風土。威士忌不只是在程序下創造出來、受到氣候塑造的產物，更是心態的產物，而那種心態根源於文化，而不是商業；和地方與人密不可分。如果想嘗試理解日本威士忌為什麼這麼日本，就必須研究這些連結——而其中一項，正是拙樸。

現在我不只品味的方式變了，會想到成熟度曲線和季節與威士忌的關係，也會想到威士忌是否有拙樸這類的特質。柳宗悅在〈不知名的職人〉（The Unknown Craftsman，2013）中寫道：「平實、沉穩……自然、天真、謙遜、簡樸，除了這些特質，美還有何處可尋？溫順、樸素、不過度修飾——這些都是令人喜愛、尊敬的民族特質。」

想想這些威士忌，以及這些威士忌的透明感。那些香氣強烈但優雅，從不張揚，有種平穩和謙卑、自然與低調的深度。那只陶杯有這種特質；威士忌也有。

我寫信給由美，問她能不能問店老闆的父親，我能不能買一個。幾星期後，我收到一個包裹。他把「我」的杯子寄給我作為禮物。杯子現在就在我的手邊。

謙遜、簡樸、含蓄——這些是拙樸的關鍵。

水楢木

日本威士忌有時會藉著一些方式，和其他威士忌風格構成區別，如清澈的麥汁、蒸餾技術，以及氣候的影響。以香氣來說，使用日本橡木（水楢木）也可能帶來顯著的影響，為整個香氣光譜增添另一層異國情調。

水楢木的分布遍及東亞、西伯利亞、庫頁島與千島群島，在日本算是稀少的。雖然可見於日本最大島本州的北部，但主要分布在北海道，不過隨著明治時代拉開序幕（1876年），移民開始在北陸蔓延，砍伐了原始林，建造牧場。

水楢木是一種白橡木（學名Quercus crispula），紋理寬，生長緩慢，一棵白橡木可能最多150年才成熟。雖然水楢木今日仍然用於鋪地板、製作家具和家用品，但從來不是製桶師的首選。水楢木多節，填充體的含量低，而這種物質能填塞樹木心材的孔洞，使木桶防水。

二次世界大戰時，日本威士忌產業因為美國不再供給橡木才開始使用水楢木。戰後的重建時期，美國橡木重新開始供應，水楢木桶就失寵了。

水楢木能復甦，完全是靠非凡的香氣特質。隨著時間過去，水楢木會增添芳香木材（例如檀香和雪松）的香氣，但最明顯的是沉香木；沉香可製作日本寺廟燃燒的香。可嗅出帶樟腦味的薄荷味，偶爾有葉子、泥土和椰子的秋季香調；最後椰子氣味是來自順式與反式內酯（lactone）。水楢木似乎也強化了威士忌的酸度，增添了明亮感。水楢木桶雖然太強烈，時常無法獨立裝瓶，卻是很寶貴的武器，讓調和師可以創造出複雜的單一麥芽威士忌或調和威士忌。

三得利擁有最充足的木桶庫存，且每年會少量製造，每砍倒一棵樹，就補種更多樹。不過其他所有的蒸酒廠（Nikka除外）也都在使用水楢木，只是用量不大。

水楢木（右）與美國橡木（左）有結構差異，因此很難用來製桶。

Hisamitsu
サロンパス
もんじゃ
西村
Mighty Vision
Black is Magic
大盛堂書店

從秩父到東京

我早早起床，笨拙地從地上撐著站起來。我的房間有一個室外澡盆，不斷有溫泉注入。我沖洗一番，泡進去，寫些筆記，然後從頭再來一次。不知道為什麼，溫泉既能清潔肌膚，也能理清思緒。泡完溫泉，會受到激勵，準備好再度面對這個世界。也許來一頓早餐── 幾道家常菜，小碟小碟的漬物和魚，粥和味噌湯。離開之前，我真的能再泡一次溫泉嗎？老舊的木頭地板嘎吱作響。還有時間。對岸樹上傳來鳥鳴，潺潺流水上竹影閃爍。這時，太陽出來，水綻裂為金。

由美來接我，帶我去車站搭直達車回東京，我們經過的峽谷中森林遍布，山壁陡峭，野蒜和暗紅樹幹閃過，駒岳山邊，一輛白色起重機停在一片翠綠稻田裡；零星散落的農地，小撮小撮的人像他們祖先數百年來一樣湊和著過日子。我們隆隆駛過道路，遠離田園詩，回到飢餓混亂的城市。我努力說服自己，這是一種平衡。至少我乾乾淨淨，準備好面對。我入住我在公園飯店的家，打電話給武耕平。「該上幾間酒吧了。」

東京酒吧生活

ZOETROPE

如果威士忌宅上身，想好好跟人聊聊蘇格蘭威士忌，去Campbelltoun Loch就對了，只是那並不在我們想了解的範圍內；對「日式蒸餾西式烈酒」有興趣的人，新宿的Zoetrope是必去的酒吧。

Zoetrope的經營者，是曾任電影製片的夏威夷衫狂熱者堀上敦（Atsushi Horigami）先生。一張大螢幕上播放著默片，用一系列的配樂當伴奏（當然是黑膠唱片）。螢幕旁的架子上擠滿「日式蒸餾……等等」的精選，其中默默無聞的威士忌比哪裡都要多。如果你想了解日本威士忌的真相，就該來這裡。

這間酒吧在2006年開幕，幾乎是堀上敦從1990年代中期開始收集的那些沒名威士忌的根據地。他的動機是什麼？「我有點像1950年代的那一代。我沒錢，當時進口威士忌很貴，於是我開始喝日本的。當時我不懂欣賞風味。」

田中城太加入了我們，一杯杯下去，我們開始理出日本威士忌熱潮背後的真相。

那股熱潮可能建立於調和威士忌，但一些威士忌的地位並非僅止於此，比方說，響（Hibiki）就不是。那是三得利的托力斯（Torys）和角瓶，紅標Nikka等等威士忌當紅的時代。那些都是低成本，酒精度往往較低的大衆品牌，是喝威士忌的勞工能負擔的售價。日本國內的稅制其實確保了這個情況。

1940年到1989年，威士忌產業分成三個階層。所有的威士忌不是特級（裝瓶酒精度43%）、第一級（酒精度40%）就是第二級（酒精度37%）。麥芽威士忌含量愈低，等級愈低——稅也愈低。次級的威士忌刻意以低收入者為目標客群。

非麥芽威士忌的部分，用的酒類廣泛到令人瞠目結舌。除了我們眼中的威士忌（蒸餾過的穀類烈酒）之外，「威士忌」的做法也可以是「將發芽穀類和其他原料發酵並蒸餾出含酒精物質，前提是含酒精物質的混合原料中含有發芽穀類和水果，而發芽穀類的重量超過水果重量……在威士忌麥芽添加酒精、烈酒、燒酎、香料、染色劑或水而產生的烈酒，其風味、顏色和其他特質類似威士忌麥芽。」這可不是我們近年體驗到的「日本威士忌」。

我們正在啜飲一些第二級的威士忌。Nikka

的Northland在酒標上寫著，「專為高球威士忌設計」，清淡，穀物感重，嚐起來像混合了青豆和糖。Ocean是輕井澤的母公司，健壯而滑膩，好像在喝口香糖和梨型糖，而同公司的White Ship（「加拿大風的白威士忌」）則有同樣的黏性特質，但帶了更多香草精。

此外，進口烈酒的稅率又提高了。1986年，歐盟向世界貿易組織抱怨這個系統有不公平的歧視。三年後，廢止了舊的分級系統與進口稅。

蘇格蘭威士忌的價格跌落，開始和國內品牌競爭，第一級和第二級的威士忌首當其衝。「1989年，是事態大變的時刻。」堀上敦說著拿出更多酒瓶。「品質必須提升。」

他替我們斟了一點Mars Rare Old Blended稀有老調和威士忌（山梨蒸餾廠出品），聞起來甜、輕盈，帶果香，平衡；還有一支羽生的Golden Horse 8年單一麥芽威士忌（裝瓶酒精度39%），甜到像加了糖，聞起來是太妃糖、味噌與蔬菜。

雖然單一麥芽和品質較好的調和威士忌正在成長，但1990年代日本威士忌仍然遭遇挫敗。一部分原因可能是稅制改變。亞洲金融危機的連鎖反應無疑也造成衝擊，而且當時剛成年的那一代人，不想像和他們父親與祖父那樣整晚坐在居酒屋狂喝水割（威士忌加冰塊和水）。

因此威士忌產業為了贏回信賴、吸引年輕人，採取了一些了不得的嘗試—— 如果做決策的是中年經理，總是很危險。我們得到結果是一系列像老爸隨流行樂起舞的威士忌—— 三得利的Rawhide，這支酒的酒精度40%，調和了波本酒和日本威士忌，聞起來像電視劇《歡樂時光》（Happy Days）的開場，全是薄荷醇和泡泡糖味。還有麒麟－施格蘭的NEWS 500（「設計、品味、生活」），酒標設計和瓶子很棒，混合了巧克力奶油糖、肥厚的玉米和花朵味；然後是同個蒸餾廠的Hips，「最明智的威士忌」，酒標上是個叛逆女孩把一個酒瓶塞進她的褲襪頭，有點傷風害俗。然後三得利又靠著令人一振的Q1000回來了，古怪的罐形綠瓶子，而印著商標的玻璃遠不像麒麟的NEWS那麼酷。

堀上敦是日本威士忌歷史的守護者。

城太回憶道：「NEWS出來的那一刻，情勢改變了。公司當時在生產100%正統的威士忌，但沒有規範，所以怎樣都行！」庫存不斷累積。麒麟的Saturday號稱「給新時代的高品質威士忌」，而三得利試圖用Smokey & Co系列、Natural Mellow、Super Smokey和Fine Mint來吸引時髦的新群眾。Fine Mint嘛，嗯，有薄荷味，不過威士忌很平衡，可以調成一杯不錯的冰鎮薄荷酒。

銷量繼續和售價一同跌落，但庫存不斷攀升。城太回憶：「我們的Evermore 21年當時賣1萬日元（約70歐元）。」堀上敦找到同時期的一瓶輕井澤25年。

「不過那是個轉捩點。」他說著拿出一瓶酒，酒標是細緻的水彩畫—— 那是三得利南阿爾卑斯廠的純麥威士忌。如果日本的味蕾變得偏好燒酎，這種威士忌可望贏回消費者—— 這支酒帶著芳香，甜膩而輕盈。結果還是不成。

不過這件事當然也有另一面。有些人知道1989年前的風景，認為在那之前做的一切都比較差，但其實不然。那時候也有很棒的威士忌；只是市場比較多樣化，而且是由低檔領導。

為了證明這個論點，我們最後喝了一大份伊知郎紀念26屆清里野外芭蕾公演（Kyosato Field Ballet's 26th anniversary）的裝瓶酒—— 這支1992年羽生和1982年川崎的調和酒，帶有強烈的鹹味和皮革味。不是所有酒都輕盈甜美。

1989年，日本的產業沒有被迫製造更好的威士忌。相反地，規範改變，只讓威士忌製造者更有動力繼續做他們已經在做的事—— 探索最高檔、創新，並且拒絕接受他們的工作已經完成。

幸虧有堀上敦先生這樣的人，才能一聞幾乎被人淡忘的這段故事。

1990年代像「老爸隨流行樂起舞」的威士忌。

岸久

不可否認，岸久確實風采非凡。他在銀座和京都各有一間酒吧，我每次去東京都想去本店Star Bar，只是坐在那裡，看他工作。岸久是國際調酒師協會（International Bartenders Association）的世界冠軍，日本調酒師協會（Nippon Bartenders Association，NBA）主席，也是電視明星，最適合解釋調製日本式調酒的一些細節重點。

日本酒吧通常小而昏暗。威士忌種類繁多，玻璃器皿是古董，放的音樂是冷爵士。品飲要時間，而製作（不論是水、啤酒、純飲的威士忌，或是調酒）則需要精準、投入。

這就是岸久先生代表的。一開始拘謹，不久就傳來笑聲，故事愈來愈離題。我想跟在他上晚班之前，跟他談談搖盪法的事。我看他做了許多年，他的動作彷彿在打空手道套路—— 毫無多餘，每個動作都流暢而俐落。這不是為表演而搖盪，他的搖盪屬於一種哲學。

我們聊日本調酒的根源，和開啓這一切、卻被人淡望的世代，聊了很久，才終於聊到這裡。「我不認為我們日本人有傳統的調酒方式，所以也沒有所謂的創新。你也知道他們是怎麼說的：我們不能發明汽車，但可以改良。」這是他的開局招術。

不過事情應該不同了，是吧？「昭和年代末期（1980年代），有些快要離世的大師拍了一支調酒的影片。看影片會發現，當時的方式和現代不一樣。」

日本的狀況在風格的演進上也有一席之地。岸久說：「從前有空調的酒吧不多。而日本非常潮溼，所以冰塊會融化。比方說，1964年，皇宮飯店（Palace Hotel）因應奧運而開張時，沒有電冰箱，只有冰桶。傳奇人物今井清（Kiyoshi Imai）是首席調酒師，他就把琴酒放在冰桶裡。在我的時代（有冰箱），我也是把馬丁尼用的琴酒

岸久是日本調酒教父。

冰在冰箱。很多方面來說，是日本的環境造成了搖盪法。」

日本是知名傳統調酒技術的保存處。在世上其他地方幾乎消失的技術，仍在這裡流傳。岸久的論點是，這些並非如許多人認為的是日本的創新，而是適應。

「在日本，我們會想要檢視事物的源頭，設法忠實於源頭。我們對傳統懷抱著深深的敬意，但我們也會改變傳統。」又是那種乍看之下的矛盾。你問什麼是「日本」方式，但那可能受到許多方面的影響—— 文化、氣候、土地。就和威士忌一樣。

不過酒吧可以看到的那種傳統師傅／學徒關係呢？或是這裡的NBA似乎比其他國家在設立標準方面扮演更重要的角色？「我們有NBA，表示有很大的社群，資訊流通熱絡。許多事都是那樣學習的。不過，那樣也有陷阱。你說某件事必須用特定的方式來做，基準面就會變高，但也能變成限制。」

這算是間接承認掌握傳統可能扼殺創新。以個人經驗來說，可能確實如此，不過愈來愈多日本調酒師在各國旅行，而西方的調酒師造訪日本，新的世代對於製作飲料，有更廣義的概念—— 不過服務與技術的關鍵總是會維持原樣。事情並非不可變通。

最受矚目的是上野秀嗣（Hidetsugu Ueno），他曾是岸久的學生，目前是銀座酒吧High Five的老闆，那裡已經是最多各國調酒師造訪東京的第一站。現在，上野旅行的時間幾乎和待在吧檯後面的時間一樣多。他傳達的訊息很含蓄。他可能教「日式做法」背後的古典主義，然而他明白其中的保守主義既是優勢，又是缺點，因此教的時候帶著有趣的自貶。

在東京，上野汲取了他朋友從全球頂尖酒吧搜集而來，或觀察競爭者在國際競賽的表現而得到的知識，應用到根本的原則上。日本的調酒就像日本的威士忌一樣，不能停滯不動，必須像搖盪一樣流動。

我們的談話内容轉到冰塊上。岸久先生說：「我認為冰是一種成分。我希望冰参與其中，增添口感，成為過程的一部分。如果用金屬雪克杯、硬冰塊，用特定的方式搖盪，會得到細緻的泡沫，增添口感。」

他走到吧檯後面，開始示範。雪克杯成為他身體的延伸，與視線水平，流暢地移動，動作優雅，雙手用特定的手勢抓握包覆，控制一切，把雪克杯拉近自己，然後推遠，上下顛倒再回正。沒有西方酒吧那種「看啊，我在做飲料」的感覺。他是為了特定的目的而搖盪。

「像這樣的短時間搖盪，對冰的掌控力很好。動作夠緩慢，可以讓冰塊在裡面漂來漂去。冰塊不會互相撞擊。不像這樣！」他拍拍自己的臉。「這影響到冰塊在液體裡漂來漂去時提供多少稀釋。」他把冰塊像骰子一樣倒出來。冰塊的邊緣沒稜角。「看到了吧？那種形狀的冰塊移動的方式不一樣。」他露出牙齒笑了一下。

他用的是三件式的小雪克杯。雪克杯的尺寸有影響嗎？「你做菜時，會用煎鍋做某些事，不同尺寸的平底鍋做其他的事。取決於你在煮什麼。

「波士頓雪克杯（較高，由一個玻璃調酒杯和錫金屬杯組成）沒有所謂好壞或對錯。就是這樣。波士頓雪克杯的容量比較大，因為裡面有一面壁的金屬上有凹槽，所以冰塊比較不會跑來跑去，而是前後移動。」

「你沒辦法用不同的雪克杯做出同樣的飲料。西方調酒師就是不懂。他們來這裡學技術，然後回去卻用不同的雪克杯。重點不是技術；是你用的工具。

「100年來，我們有這種『不是更好，只是不同』的態度，要辨別出這些差異，需要時間。我們認真看待事情。我們做事的方式，是增添細節，但我們希望根基打得確實。日本風格就是考慮細節。你會做點更動。在西方，重點只是過程。」他又哈哈笑了。他知道這世界正在聽。

欣賞岸久先生的搖盪技術就像在看空手道套路。

鈴木隆行

我剛開始造訪日本就認識了鈴木隆行，主要多虧他負責的是公園飯店和芝公園飯店（Shiba Park）的酒吧。他不只提供飲品，也是諮商師、好客的東道主和貼心的朋友。他的著作《完美馬丁尼》（*The Perfect Martini*）是非讀不可的好書。

鈴木隆行也是我所知道最深入思考調酒的人之一。在他的酒吧裡，坐在他旁邊，會見識到既是心理學家，又是治療師和薩滿的人。鈴木還在當酒保的時候，會把一杯飲料滑向你，只說：「希望你喜歡。」你會問他裡面有什麼，然後問這飲料的名字。「由你決定。這是我剛剛調配出來的，覺得很適合你的心情。」你啜飲一口。嘩——他又辦到了。他親切微笑，然後退開，幾乎融入陰影中。

遊客很容易把日本調酒師那種挺直背脊、兩手交疊身前的姿態視為矜持。少數調酒師（Zoetrope的堀上敦、Three Martini的山下先生，還有傳奇酒吧High Five的上野秀嗣）會打破第四道牆，與客人有更多互動，但即使在那個時候，這種關係也是建立在你是顧客、他們是調酒師上面。這叫作服務。

想像一下這種狀況。我們三人走進一間酒吧。一個想喝啤酒，另一個想喝一杯水，而我要調酒。西方人會用心做調酒，迅速倒出啤酒，而水可能就被忘了，事後才送過來。在日本，供應這些飲料時，都同樣地細心、關注——都是調酒師當下能做出最好的飲料：恰當的玻璃器皿、恰當的溫度、恰當的呈現。

這是一期一會的概念：「一次，一場會面，一場相遇」，多虧國際調酒師史丹·瓦吉納（Stan Vadrna）和Nikka，這概念在日本之外得到更多認可。調酒師只有一次機會招待你、讓你舒適、給你他當下做出最好的飲料。恰當的專注，恰當的覺察，恰當的言語、思想、行動。

我們坐在公園飯店的酒吧聊這件事。「這麼一來，調酒師不是英雄。調酒師必須問，你喜歡

哪種味道，發生什麼事，你好嗎？確認心情。飲料比調酒師重要。」

話題延伸到他對威士忌的態度。「蘇格蘭威士忌有濃烈強硬的風味，所以可以迅速辨認出它的特質。日本威士忌非常安靜。『拜託……醒來嘛！』我品嚐的時候，喜歡拿兩個玻璃杯，一個純飲杯，一個葡萄酒杯，然後在兩杯之間倒來倒去。這樣的動作幫助我找到風味的奧祕。」

所以，那種安靜。算是拙樸嗎？「對，而這種做法的重點是尊重你的對象。是，『看看我，我是主角』。冰也一樣。」

不過，西方調酒師（和品飲者）又因為技術和工具而被趕上了。就像威士忌一樣；執著尺寸、形狀和數目，會讓你錯失真正重要的事——也就是風味。為了強調冰的角色，他從那個元素開始打造他的飲料。「碎冰讓你可以喝到溫度極低的酒，所以是很適合潮溼夏季的飲品。有人點『山崎迷霧（Yamazaki Mist）』，就是為了看到杯子起霧的樣子。」

所以季節很重要嗎？「我們必須知道那一『季』的四、五天中會看到哪種食物，所以調酒師必須改變調酒的味道。春初適合白州；秋末是山崎18年—— 一開始會加一顆冰球，你還需要再冷卻一點。」

對了。冰球。那是日本調酒的象徵，每一間酒吧都會聽到冰被鑿下來的叮噹聲。現在買得到冰球模，所以在家也可以做。

不過那不是重點。冰球不是為了好看而放，而是為了實際的原因。稍早的時候，岸久對我說：「如果我拋瓶子可以做出更好的飲料，我就會拋瓶子。」他大笑一聲，「但你不會看到壽司師傅把魚拿起來轉，對吧？」

冰球可以冷卻、稍微稀釋威士忌，不過對鈴木而言，還有其他的層次。一向是這樣。「很久以前，在幕府時期，冰是給權貴人士的獻禮，受到

冰球不只是裝飾。

政府控制。只有菁英階級可以吃冰，因此冰的形象是權力的象徵，品質代表了好客。」

他繼續說：「只要貼近自然，設計的概念就很好。比方說，懷石料理的概念是山，因為山會產生雪，雪化為河，然後匯聚成海，海給我們魚，而海水蒸發之後形成雲，落在山上。懷石料裡的擺盤有陽面也有陰面，就像山一樣。我的裝飾也是。」

冰球是河岸上的石頭，一直受到河水翻動，所以冰球訴說的是時間，冰球的形狀代表著時間。無關技術或設計；那是一種帶有日本認同的哲學。

說完他就道別了；這位調酒界的沉默哲學家比任何人都更深入探索風味。我感到微微暈眩，走進電梯，上樓睡覺去。

哲學家調酒師——鈴木隆行。

串酒吧

城太回家了，我和武耕平往南遊盪到新宿的「小便橫丁」（回憶橫丁的暱稱）找東西吃——或是喝。Bar Albatross的一樓是個天鵝絨內襯的鞋盒，垂掛著枝狀吊燈，去那兒很合理。樓上有更多坐位，要點飲料時就打開地上的一個艙口。之前一次來的時候，一個醉醺醺的物理學家跌了進去，有人從他胳肢窩抓住他，救了他一命。我的一個同伴說：「我還以為他應該特別了解重力才對。」不過Bar Albatross人滿為患，於是我們穿過烤雞肉的煙霧，來到一間蒸氣騰騰的麵館，在肚子裡塞進滑溜的烏龍麵和油膩的高湯——還有兩杯Nikka的高球威士忌。

我提議：「去黃金街（Golden Gai）如何？」那裡的食物顯然有吸引力。我們信步走去。前一刻，你的目光才被歌舞伎町的燈光照得睜不開眼睛，下一刻你就潛進一座黑暗隱密的迷宮，小巷裡塞滿迷你酒吧。黃金街是東京的地下世界，這個邊緣之地有自己的遊戲規則。

沒人去黃金街找厲害的威士忌吧。來這裡是聊天、進入一個被遺忘的半上流社會、培養心情，因此一瓶酒很足夠了。你還得找到正確的酒吧。適合你那天感性的酒吧，一期一會。

有些人說，現在黃金街只會迎合遊客，提供的是美化版的老東京。有些店家可能那樣，但一位酒吧老闆跟我說過：「我們不是在保存什麼；我們只是以我們想要的方式來經營自己的酒吧。在你受邀進入這間酒吧之前，你會以為這裡不對外人開放。」但真的是那樣不是嗎？她微笑了。「某種程度啦。你需要有人介紹，不過進來的人大概20%會變成常客。」所以酒吧展現了老闆的個性嗎？「確實。顧客是有同樣……傾向、天賦、想法的人。」

我曾經坐在出版社的酒吧，或在其他酒吧裡默默聽著自由爵士樂，也看過老電影，或找一間只能討論冷硬派犯罪小說的。這裡每種小天地都顧到了。黃金街從前是紅燈區。有些酒吧有上層平臺，小姐在那裡招徠生意。黃金街設法在一座不斷更新的城市中生存了下來。這多少歸功於這裡不屬於某一個地主，使得這個無政府、平等主義者、波希米亞的區域仍是志趣相投的外來者的避難所。冷硬派小說酒吧的老闆對我說：「雖然像東京裡的一座小島，卻又不像在東京。我們是黃金街的獨立市！」

晚餐地點是武耕平選的，所以該我選酒吧，那裡有270間酒吧可選，沒想到居然很難。我找不到那間冷硬派酒吧；我知道雪莉那家很棒，但今晚不想去。我們轉過一個轉角，看到一扇門上有迷幻風的畫。這才像樣。

老闆已經來40年了。他邊替我們倒酒邊說：「我以前會找樂團上去表演。」我們難以置信地看著他。他拿照片給我們看，照片中有個傢伙拿著吉他蹲在吧檯上方的一個平臺上，十個觀眾（店已經滿了）引頸觀看。

「你們看樓上。那裡現在有坐位了。」我們爬上去，驚動了一群已經徹底放鬆的人。武耕平說：「別擔心。他是威士忌作家。」好像這句話就能解釋一切似的。「哇！書出了我們都要買！來一杯吧！」

樓下，一個喝醉的奧地利人正在思考該怎麼回家。我們又喝了一杯。我衝向地鐵，坐到開往新橋的末班車。明天又有不同種類的酒吧要去，我需要頭腦清楚。

やきとり

やきとり
2階席あります
up st
ple

有所失……

把這些想成附帶損失。威士忌可能很殘酷。會陷入經濟和口味改變的漩渦。有時可以脫離困境，但不是所有蒸餾廠都能成功。每個製造威士忌的國家都有些荒廢的酒廠，裡面曾經烈酒流淌，手工繁忙。日本也不例外。以下是我們失去的一些蒸餾廠。

我們已經聽過本坊在山梨縣的蒸餾廠（岩井的願景在那裡終於實現），以及本坊在鹿兒島那間短命的蒸餾廠。

福島的白河（Shirakawa）蒸餾所不在了。寶酒造（擁有蘇格蘭的特梅廷蒸餾廠）在戰後買下那裡，為King調和威士忌供應麥芽威士忌。封存一段時間之後，白河蒸餾所在2003年關閉，成為衰退的另一個受害者。

穀物威士忌也受到影響。1935年，川崎的一間蒸餾廠開始生產工業酒精。這間蒸餾廠為昭和酒造（之後更名為三樂酒造）所有，1950年代開始生產麥芽威士忌，不過從1960年代晚期起，它最知名的角色是穀物蒸餾廠，一直到關廠。猜猜那是何時？1980年代中期。最後剩下的桶都由肥土伊知郎收購。

1961年，昭和時期出現了另一家蒸餾廠：Ocean（我們在Zoetrope嚐過這家的威士忌，見94頁），這是大黑葡萄酒公司（Daikoku Budoshu，即美露香，Mercian）的蒸餾部門，而大黑從19世紀晚期就在山梨生產葡萄酒。1939年，大黑在輕井澤這個溫泉小鎮開了另一間葡萄酒廠，就坐落在日本最活躍的火山淺間山下。大黑急著加入戰後的威士忌市場，在1946年推出Ocean這個品牌，1952年在長野縣鹽尻市建造了第一間蒸餾廠。鹽尻蒸餾廠的品質不佳，所以大黑決定關掉，把輕井澤從葡萄酒廠改為蒸餾廠。輕井澤蒸餾廠從1956年營運到2000年。

這裡用的是小型蒸餾器，使用黃金諾言（Golden Promise）品種的大麥，以雪莉桶陳放。為了讓Ocean擁有調和威士忌結構和重量感，輕井澤的一切都是為了創造出強硬與力量的特質。一直到輕井澤的最後幾年，美露香（昭和／山樂酒造當時的名稱）才考慮以單一麥芽威士忌發行。

2006年，這家公司被麒麟併購。看起來是天作之合——御殿場的輕盈優雅，輕井澤則強而有力。麒麟似乎決定挑戰三得利和Nikka兩強壟斷的局面。沒想到酒商關閉廠房，賣掉土地，繳回蒸餾執照，這項決定至今仍令人百思不解。唯一的正面消息是，日本一番（Number One Drinks）買下了剩餘的300桶。輕井澤透過一座沉默的蒸餾器，存活在一種奇妙的半生不死狀態中。至少我們喝得到。嚐起來有泥土味、野性、煤煙味，但也帶著樹脂味，老教堂和深邃的森林、濃縮水果和米餅。雄壯。

輕井澤的庫存放在秩父。肥土伊知郎對蒸餾廠關閉這種事清楚得很。1941年，伊知郎的家族公司東亞酒造（Toa Shuzo）在羽生蒸餾廠開始蒸餾，不過直到1980年代才開始製作威士忌（Golden Horse）。這款威士忌比當時標準的日本麥芽威士忌豐厚、稍稍沒那麼甜，結果在習慣喝水割的市場很難銷售。2000年，東亞酒造宣告破產，賣給了一家清酒和燒酎的生產者。蒸餾廠在2004年拆除。

幸虧肥土得到釀造清酒的笹之川酒造（Sasanokawa Shuzo，見109頁）支持，設法買回了羽生的庫存；當時那些庫存正打著幾種不同的幌子出售——和其他蒸餾廠的酒調和，或彼此調和，或成為「撲克牌系列」（Card Series）的成分酒。市場已經變了。

從前不受青睞的羽生和輕井澤風格，現在符合消費者口味了，但終究只符合一部分消費者的預算。輕井澤產品有限，因此價格愈攀愈高，到了令人心痛的程度。那些威士忌如今不再存在於威士忌愛好者的國度，而是投機者的國度。

一間蒸餾廠關閉時，可能發生認知不協調的情況。批評機制變得遲鈍，威士忌稀少，大家因而忽視任何瑕疵或缺點。限量的恐懼會造成恐慌。我有幸品嚐過那300桶輕井澤。其中有些威士忌很棒，卻也有不少過度萃取的。當初這些從來沒打算裝瓶成單一麥芽威士忌。雪莉桶用來平衡烈酒的重量感，並加入單寧；這是調和威士忌需要的特性。而有些根本是放了太久。

最好還是只把輕井澤的最狀態留在記憶裡，想著決定威士忌命運的偶然與運氣之網，一起為輕井澤（或羽生）舉杯吧。

小林一茶的俳句寫得好：

淺間山之煙
誰人之腹中深處
不曾冉冉升

……有所得

庫存短缺對日本威士忌愛好者而言已經夠令人挫敗了。這趟旅程中，更令人驚訝的是雖然全球不斷建立蒸餾廠，但新成立的蒸餾廠卻很稀少。幸好現在情況不同了。以下整理出目前和不久之後的狀況。

新蒸餾廠最北的一間是厚岸（Akkeshi），位在北海道的東岸。厚岸為食品進口商堅展（Kenten）所有，目標是每年生產10萬公升。生產的主力是重泥煤款（麥芽來自Crisp Malting）。這座蒸餾廠依循經典的日式做法，麥汁清澈，發酵時間非常長（4天）。試驗過不同的酵母。一座蒸餾器的外型類似樂加維林（Lagavulin）的簡樸梨型，有助於回流。蒸餾廠使用多樣的桶型，打算以水楢木為焦點。

我想問竹鶴關於厚岸的第一個問題是：為什麼選北海道？蒸餾師柯林特・安奈斯貝瑞（Clint Anesbury）提供的答案很相近。「厚岸的環境，不論氣候、風土和海洋特性都跟艾雷島類似，更不用說還能取得豐富充沛的泥煤。」其實，決定性的因素是泥煤。而這也意味著蒸餾廠會用泥煤。「長期而言，我們計畫用當地大麥、泥煤和當地森林的水楢木，生產100%的厚岸單一麥芽威士忌。」

艾雷島的作法也是靜岡北方山區一間新蒸餾廠的靈感來源，不過他們的做法和厚岸稍稍不同。總經理中村大航（Taiko Nakamura）解釋道：「2012年，我去艾雷和吉拉旅行。我行程的最後一間蒸餾廠是齊侯門（Kilchoman）。廠區好小，他們的技術很老式。我在那裡對我在日本要建造的微型蒸餾廠有了概念。」

靜岡一年仍然會產生7萬到25萬公升，一開始麥芽全是來自英國（包括泥煤與無泥煤），不過他們正在種植日本大麥。和厚岸一樣，發酵時間非常長——長達138小時。

靜岡有三座蒸餾器。兩座來自斯佩塞（Speyside）的弗賽斯（Forsyths），第三座是來自輕井澤的一座老蒸餾器。一座弗賽斯蒸餾器是用直接加熱。看起來型式既像雲頂（Springbank），又像齊侯門。中村說：「我想嘗試用各種方式來蒸餾。二次，有部分是三次。我想讓這個成為日本威士忌的一種新風格。」

往南好一段距離，在九州的津貫有一座本坊的新廠，那裡靠近鹿兒島，一開始用英國無泥煤、輕泥煤和重泥煤的麥芽，生產每年10萬8000公升的威士忌。公司會使用乾酵母、啤酒酵母和自家的酵母品系進行四天的發酵。本坊的Haruna Waki說：「津貫是本坊酒造在1872

年創立的地方。而且，在鹿兒島製造、陳放的威士忌會帶一點暗示，讓人覺得，『我可以想像那些南方島嶼製作了這款威士忌』。」陳放的地方是津貫和更南方的屋久島。「我們期待我們的威士忌熟成速度會比Mars信州更快。所以我們希望新酒酒體飽滿，不要吸取太多木桶的風味。」

本書寫作時，位於明石（Akashi）新的米澤蒸餾廠正在運作，使用的是單一一座弗賽斯的罐式蒸餾器，第二座蒸餾器在同年再過一陣子會送達。使用溫度控制發酵槽，以及數種不同木材。

另一座蒸餾廠重新開張了。笹之川酒造釀造清酒已有251年的歷史，1945到1988年做過蒸餾。（除了擁有威士忌品牌「櫻桃」，這間公司也曾幫助巴士伊知郎買下羽生庫藏，並且經銷一開始的產品）。如今，笹之川酒造重啓了位於福島縣郡山市的安積（Asaka）蒸餾所，並新添了罐式蒸餾器。

此外，在茨城縣（Ibaraki Prefecture）縣也有多功能的木内酒造（Kiuchi brewery，製造清酒、啤酒、燒酎和葡萄酒）在製作威士忌。旗下的額田威士忌蒸餾廠由米田山姆（Sam Yoneda）管理，並聘請三得利的首席調和師輿水精一當顧問。可以期待精釀啤酒和威士忌製作之間擦出火花。

宮下酒造位在岡山，這間公司對其他酒類也有經驗——今日最為人所知的是手工精釀啤酒。因此開始生產威士忌是合理的拓展。他們使用荷爾斯坦蒸餾器（Holstein still），並且大量依賴當地的天金大麥（Sky Golden）。蒸餾廠的大麥需求高達半數是由日本栽種。目前他們一週蒸餾一次（特別感謝《2017年麥芽威士忌年鑑》提供最後這兩家蒸餾廠的資訊）。

他們正在進入的這個威士忌世界，和1980年代起令蒸餾廠關門大吉的世界截然不同。大家都在做單一麥芽威士忌，而不是調和威士忌，而且大家都在放眼當地，依循現在已被視為日式做法的威士忌蒸餾法。

安奈斯貝瑞說：「在我看來，還有很多材料以外的東西。或許讓日本威士忌（尤其是生產）與衆不同的，是追求完美。日本的許多職人往往把工作視為一種藝術，有工匠的地方，就有差異——細節的差異。」

最急迫的議題不是製作威士忌，而是規範架構，阻止公司進口酒類，在日本裝瓶，當成日本威士忌販售，或是混合90%的中性烈酒和麥芽威士忌，然後叫它威士忌。此外也需要規範桶陳的年份下限。

新的蒸餾廠加入，顯示威士忌之門已向新的、品質為導向的生產者敞開。不幸的是，這扇門開得太大，投機者也能溜進來。因此亟需一個適當的監管機制。

東京柏悅酒店（Park Hyatt Tokyo）的紐約酒吧（New York Bar，下頁）。

CITY

知多
Chita

知多蒸溜所

從東京到知多

該離開東京往西邊去了。第一站是名古屋。名古屋雖然是日本的第四大城，在大多數人的旅遊清單中排名卻不高。似乎沒有人去名古屋觀光。我想應該可以說，很少有人是為了威士忌而去名古屋的吧。其實就連知道大名古屋地區有威士忌的人也不多，不過以產量來看，這裡其實比任何地方都來得大——而且全都來自一間蒸餾廠，知多。

我們坐新幹線（子彈列車）到名古屋，那裡的步調緩慢很多，而我們轉乘小型區間車，隆隆駛過像龍爪一樣圍繞名古屋的那座山嘴。這裡沒什麼風景好看。我們身處城市的邊陲，周圍是船塢、工廠和修船廠。有點平衡也不錯。一個週末的神社和高級酒吧、浮世繪（木版畫）畫廊、靜謐的公園和壽司之後，這樣重新校正很重要。威士忌並不總是在我前一週看到的那種偏僻鄉間製作的。有時候是在工業的、都市的、大規模的，也就是某些人覺得醜的地方。

我喜歡穀物蒸餾廠。沒錯，我知道那裡沒有罐式蒸餾器的浪漫，看起來也不同，但工業建築自有一種粗暴的美，其中不少是規模的關係。我和武耕平站在廠外，相形之下感到渺小。「今天要用廣角來拍了。」他說著張嘴一笑。

威士忌公司通常急於引開你的目光，不希望你去注意到穀物蒸餾廠不帶人性的特質，和那些廠房設備的外觀。最好讓威士忌顯得親切而溫暖，裝在圓滾滾的瓶子裡，讓人想到地貌，而不是蒸餾柱、管線和大規模生產。只不過，要是不了解穀物和規模，就不可能知道這個產業有多壯觀。

日本立基於調和威士忌，而調和威士忌又是立基於穀物威士忌。歡迎認識威士忌的真相。

知多的發酵槽有一種粗暴的美。

知多

我今天的嚮導是前村久（Hisashi Maemura）。三得利似乎有源源不絕的一群善於交際、打扮完美的威士忌從業人員。這麼說吧：能把安全帽戴得有時尚感的人可不多。我們直直地往穀物筒倉的龐大弧線走去。我和武耕平待在後面，看著前村走向那些龐大的筒倉，使他顯得愈來愈渺小。

這間蒸餾廠建於1972年，由三得利和全農以50:50共同投資。全農是全國農業協同組合聯合會的簡稱，這個巨型聯合會的成員有超過1000個農業合作社（巨型也是理所當然），他們的業務從穀物進口、動物飼料和肥料，到曳引機、和牛，以及倫敦Tokimeite餐廳等等的一切。

聽起來或許很商業。國內威士忌市場大幅成長，因此三得利需要自己的穀物威士忌貨源，而全農則正在拓展觸角。地點也很合理。知多或許不是大多人想像中的海濱蒸餾廠，但把蒸餾廠建在現有的穀物卸貨碼頭也很合理。玉米來自加拿大和美國，而蒸餾廠用的發芽大麥是芬蘭的六稜品系，最適合製作穀物威士忌。這座蒸餾廠的規模成為全日本第一，或許沒什麼奇怪。

四個筒倉分別儲藏玉米和發芽大麥。開始處理之前，玉米和發芽大麥都經過取樣，檢查穀粒大小、含水率和整體品質。

設備看起來和麥芽蒸餾廠完全不一樣，但這裡適用的原則和生產麥芽威士忌基本上相同。把手上的一種穀物轉化成含有可發酵醣的液體，再加以發酵、蒸餾。唯一不同的是穀物、技術——以及規模。

穀物蒸餾廠沒有糖化糟。我們漫步走向六個一組，25公尺長的水平管線。其實只有一條管線，像巨大的森蚺一樣盤繞在一起。前村解釋道，熬煮和糖化就在這裡進行。管線的最下層，玉米和水的混合液加熱到攝氏70度（看不到源頭，所以應該是抽進去的），然後升高到

150度，讓玉米粒軟化。糊狀液接著抽到一座塔，溫度降到100度，再流回管中。這時溫度是60-65度，把磨好的麥芽打進去。大麥中的酵素會把玉米澱粉轉化成糖，而混合物流進管線的頂層，溫度逐漸降到23度，這時就能加入酵母。

我們目前正在發酵槽龐大的三角形鋼腿下，前村漫不經心地告訴我，裝滿發酵槽需要24小時。三到四天後，酒汁的酒精度會到達10-10.5%，準備進行蒸餾。

我花了好幾年才搞懂穀物蒸餾廠。重點又是它們的大小。在麥芽蒸餾廠的蒸餾室，可以推算出罐式蒸餾器是什麼情形。裡面注入糖化液，加熱到沸騰，蒸氣升起，之後變回更烈的液體。接著重複這個步驟，不過這次要選擇你想要的風味。

另一方面，穀物蒸餾廠是用柱式蒸餾器，這樣的蒸餾器是龐然大物，有好幾層樓高，時常用複雜的方式互相連接，令人摸不著頭緒。比起來瞎子摸象可能還簡單一點。

雖然可以用示意圖來解釋，如果有模型更好，不過這些和麥芽蒸餾廠的外型完全不同。在麥芽蒸餾廠裡，景象和程序的氣味會讓你對事情的進展有概念。在穀物蒸餾廠，你只能知道它反正是在熬煮、注入、冷卻、發酵和蒸餾，因為一切都看不見。

知多蒸餾廠門外坐落的一間神社。

我去過的大部分穀物廠都在室內，所以無法判斷柱體有多大。他們會帶你看一個房間，裡面有個被層層遮蔽的龐大物體，告訴你這只是一小部分。過程發生在好幾層之上，你看不到，因為第一，一切都發生在柱體裡；而且第二，依據我的經驗，蒸餾師有點太謹慎，不肯讓笨拙的作家靠近高處，尤其是剛吃過午餐之後。

不過知多的設備在室外，而前村很願意讓我們近距離觀看蒸餾的過程。我們爬上一條連接辦公室和蒸餾廠的走道，更上一層樓，然後又爬了一層，來到冷凝器旁邊。從這裡看，那些筒倉現在感覺好小。聞得到海和對面乾塢的味道，混合著一絲甜穀物的氣味。到現在總算感覺到知多的烈酒了。我和武耕平走來走去，爬上階梯，看著四座冷凝器的弧形銅管，那些銅管的連接方式真是千變萬化。

這個對知多的風格（或是眾多風格）很重要。別忘了，日本的主要蒸餾廠不會交換庫存。此外，也別忘了酒精度高的穀物威士忌確實很有個性。蘇格蘭的蒸餾廠交換庫存是很尋常的作法，表示調和師可以選擇不同蒸餾廠的穀物威士忌。在日本呢，你猜得沒錯，蒸餾廠製造的風格不只一種——純淨型、厚重型，以及中間的那一型，名稱翻譯出來都覺得很卡哇伊——叫作「可口型」。

迷宮般的管線，使人在造訪穀物蒸餾廠時困惑不已。

知多龐大的穀物筒倉和發酵槽。

前村說：「我們為了做出不同的調和威士忌，必須製作好幾種不同類型的穀物威士忌，因為我們所有的調和威士忌都有知多的穀物威士忌。1990年代，我們決定以品質為重，所以開始研發。銷路沒那麼好，但我們有足夠的時間做研究！我們從那時候起開始發展不同的型，一開始是輕盈和厚重兩種。」

因此必須讓每個柱的影響力達到最大。厚重型是用前兩柱（分析柱和精餾器）做成；中間型是用分析柱和萃取柱，然後是精餾器；而純淨型則四個都用上，最後一柱用來去除某些特定的風味。

聽起來很複雜（多少是啦），不過原則很簡單。蒸餾後的含酒精酒汁中含有大量的風味分子，這些分子各有不同的沸點。用較高的蒸餾柱來蒸餾，那個風味就會被攤開來。後續加上來的每個柱體都會進一步讓風味更分散，因此只有最輕的風味會冷凝。簡單來說，柱體愈多，酒體就愈輕盈。

我身旁的精餾柱隔成幾個隔間。精餾柱中的蒸氣升起，逐一通過隔間。在每個隔間中，比較厚重的風味會沉下去，回流到液體中，比較輕的會繼續往上走。

製作三種風格的結果是調和威士忌有了更多層次的複雜度。穀物威士忌在調和威士忌中的作用並不是稀釋，而是對風味和口感提供主動的貢獻，同時改良時常顯得不協調的單一麥芽威士忌。擁有一種

安全第一
社長
前村久
B

前村久——既是蒸餾師，也是少數戴著安全帽還很有型的人。

（應該說多種）高品質的穀物威士忌，在調和威士忌時有關鍵的重要性。

我們走回展示室去試飲；誰也不會料到穀物蒸餾廠有這樣的地方。這顯示了知多被人談論的方式、以及現在販售方式的一個根本改變。知多現在是個品牌，其實是「那個知多」了，因此，調和師和顧客會來蒸餾廠參觀，看看知多威士忌是怎麼做的。

這顯示了三得利認為這裡沒什麼見不得人的地方。知多或許是管線和容器、塔和筒倉的龐大網絡，但這間公司的威士忌願景中很重要的一部分也是在這裡創造出來的——稱之為創造並不為過。這裡或許無法做小規模的實驗（因此需要白州的穀物蒸餾器，見68頁），但知多自有某種形式的彈性。

蒸餾廠外，柱體的一部分像外星飛船一樣置身樹木之間，優雅的銅綠和樹葉同個色調，既軟又硬，同時與工業和自然連結。這個醜孩子不再被藏起來。大家現在能明白，它其實很美，而在這裡工作的人和其他威士忌製造者一樣，對他們的工藝十分投入。

品飲筆記

知多的三款新酒本質或許細緻，卻有明確的差異，尤其是口感。輕盈型的酒款有溫和的玉米味、葡萄柚皮味，帶著輕淡的花香，口感甜膩滑順。中等型則有比較強的玉米香調——其實是烤玉米芯的風味，並有青香蕉的元素。口腔中段的重量感也比較強。聞起來厚重，混合了油菜籽油和一點甘草的甜味，口感肥厚、紮實，幾乎有麥芽感。

在美國橡木桶中熟成十年之後，中等型吸取了熱奶油爆米花、焦糖和楓糖漿的風味，加上類似肉豆蔻的口感，而同樣年份的厚重型則保留了肥厚感，但增添更多水果、熟香蕉、咖啡豆和烤胡椒的風味。

知多的一些成分酒曾用紅葡萄酒桶過桶，在類似烤布蕾氣味之外增添了一種隱約的乾辛香料、梅子和覆盆子味。在西班牙橡木新桶中熟成七年的居然不以木質味為主體，而是帶出一種新奶油太妃糖和礦物元素，以及樹脂與丁香的風味。看來知多是調和師非常容易調度的一員。

知多（The Chita，酒精度43%）有桂皮、焦糖布丁和腰果的柔和香氣，底下有奶油太妃、細緻的椰子和夏威夷豆支撐。口感類似焦糖火焰香蕉、煮食蕉片和那類乾燥辛香料。口感溫和、柔順，加水或蘇打之後更甜。

知多製造不只一種風格的穀物威士忌。

從知多到名古屋

火車顛顛簸簸載我們回到衣冠楚楚的名古屋和包圍車站的購物商場。外面有一座不大協調的巨大女子雕像叉開雙腳而立。小孩躺在地上看她的裙下風光。一些正要回家的男人也偷瞥了幾眼。一旁（不過並不相連）有一間小小的立食酒吧，全店是金黃的木頭和乾淨的線條，只販售一個品牌——知多。

我們把目光從雕像上移開，走進酒吧。這裡是日本，所以最先拿到的是一捲熱毛巾，然後是一小碗蛤蜊湯，以鮮美滑潤的高湯為基底，緊接著上來一杯高球威士忌（當然是用知多威士忌做的）。這是令人心情平靜的時刻。

我可以想像自己是疲憊的上班族，而毛巾／熱湯／高球威士忌為我忙亂的一天劃下句點，是終於能呼口氣的時刻。前村說：「葡萄酒有歷史、有禮儀。我們日本威士忌也應該有——水、冰和搭配。」

他繼續說：「熱湯清淡，是為了展現知多的雅致，還有口感。可以啟動味蕾。」調酒師兼主廚忙著做其他小點。高球威士忌的酒單很短——可以選擇酢橘、櫻花、酸梅和山椒作裝飾，也有一款「24小時水割」。

酢橘是我最愛的一種日本柑橘類水果（日本的柑橘品種似乎無窮無盡），所以那款非試不可。不過24小時水割是怎麼著？調酒師解釋說：是知多用1:3加水調和，在容器中靜置24小時，然後冰鎮供應。何必把簡單的威士忌和水放上一天，直接做一杯不是可以省點時間？他替我倒了一份24小時水割，然後替我做了一份同比例的新鮮水割。差異顯而易見。24小時的比較厚重，口感更強。我問：「是鮮味嗎？」前村點頭微笑。

調和師對穀物威士忌的角色有不同的類比——例如用管弦樂團的一分子，用義大利麵（而麥芽威士忌是醬料）等等。不過穀物威士忌或許是日式高湯，是幾乎看不見的高湯底，不只增添風味，也增添感覺，是一道料理中的元素，一開始或許沒察覺，但慢慢會覺得少了什麼。畢竟高湯是一道菜成敗的關鍵。

我們西方太注重表面，渴望為大膽和俗豔的裝飾喝彩，忘了背後的東西，忘了是什麼提供了舞臺。我們贊揚大張旗鼓，卻忘了真理迷人而含蓄的呢喃。

前村說：「現在的人在尋找新的威士忌，而且不只是麥芽威士忌。有些喝燒酎和啤酒的人現在改喝威士忌了。我們必須讓他們喝到他們會喜歡的威士忌、得到他們喜歡的服務。」這不無道理。如果他們習慣的是比較溫和的風味（前村說的啤酒是日本的標準淡啤酒，不是那裡逐漸成長的「手工精釀」啤酒），就別用泥煤的煙燻味嚇壞他們。話雖如此，但知多並不畏縮。知多並不是被剝奪特質的威士忌。他們不會再犯下1990年代的錯誤。

還有另一個比較普通、比較商業考量的原因。麥芽威士忌庫存吃緊的時候，反而有很多成熟的穀物威士忌。如果一間蒸餾廠製造的風格不只一種，又何妨調和那些風格，做出充滿特質而且能大量販售的新威士忌。穀物威士忌正在擴大威士忌的定義（不只是知多；先驅其實是Nikka的古菲麥芽與穀物威士忌，還有御殿場的品項）。穀物威士忌並不是未來，但確實在未來占有一席之地。

我回想News和Q1000的時代，想著我們經歷了多少歲月才開始談論風味。別改變威士忌。該改變的是場合、服務和心態。

從名古屋到京都

不過高球威士忌只是前菜。好了。我們得趕火車，不過這裡是日本，總有時間打牙祭。而且這裡是名古屋，名古屋有一些非常獨特的特產，我即將一次嚐遍。有味噌炸豬排，有黏呼呼的鐵板燒（水牛城辣雞翅），有「牛雜鍋」和烤烏魚子以及鮭魚肚，有雞肉沙西米加山葵，還有最令人興奮的，加了名古屋味噌的鰻魚。沒人跟我說過名古屋味噌的事。如果有人說過，我以前每次到日本一定會找藉口來這裡。這種味噌是深紅色，風味濃厚、強勁，令人欲罷不能。日本食物應該含蓄對吧？這裡可不一樣。

在家的時候，運氣好的話通常能買到兩種味噌。在日本，每個地區、每個縣，有時候每一村都有自己的獨門配方。要是以為名古屋沒有自己的味噌就太傻了。然而誰想得到名古屋味噌會這麼……美妙呢？

我們信步走回車站。我已經說過我愛鰻魚，而現在是鰻魚的產季。所以我突然有時間溜進車站的一間餐廳了（在英國我不會做這種事，但在這裡呢？請告訴我終點站就好，謝謝）。這裡的招牌是鰻魚三吃（鰻櫃まぶし）。首先吃一點碗裡的鰻魚和米飯，然後加入調味料（辛香料、醃漬物等等），然後再吃一點。最後加入熱茶，拌成茶泡飯。三種不同的風味，三種口感，三種體驗。單純得誇張，卻又美味得誇張。這和大部分的日本料理（甚至是藝術）一樣，是貧窮的產物。如果擁有的不多，就徹底利用現有的。

那位偉大的日本評論專家唐納・瑞奇（Donald Richie）在《唐納瑞奇讀本》（*A Donald Richie Reader*）中寫道：「（日本有一種）對自然的態度是以困乏為基礎。如果沒有家具，就極度關注空間。如果只有泥土，就極度關注陶藝。這種以缺乏為基礎的態度，會導致各種有趣的事，例如侘等等。」

時間正好夠去便利商店買些味噌（我已經後悔沒買諏訪湖的蕎麥麵了，可不能放過這裡的味噌），然後跳上往京都的火車。

念頭飄來飄去——季節、低調、區域性、貧窮、空間、質地、雄壯與含蓄、拙樸、風味與口感、自然的角色。不過這種製作威士忌的概念和傳統工藝是否真的有連結，還有待檢驗。接下來幾天就知道是不是我一廂情願。

展示菜單的新奇方式。

ポテサラ
380
出し巻卵
380
きんぴら
300
肉じゃが
300
筑前煮
300
鮭とば
480
ささみせんべい
380
地鶏手羽先
160
串かつ
120
懐かしの昭和スープ
380
どて煮
380
天むす
580
鶏唐
480
おでん
大根
80
ちくわ
80
こんにゃく
80
しらたき
80
厚揚
80
玉子
100
ごぼ天
150
卵かけご飯
380
梅茶漬け
380
鮭茶漬け
380
しぐれ茶漬け
380
昆布茶漬け
380
なめたけ茶漬け
380

日本料理中，口感和風味一樣重要。

鮮味

我的年紀大到還記得大家聽到「鮮味」（umami）時一臉茫然的時代。大家會說：「什麼味？」然後哈哈大笑。現在幾乎所有人都知道了。一位加州葡萄酒釀酒師向我描述，那是一種好吃到想說「喔－媽咪」的感覺。

最早是化學家池田菊苗（Kikunae Ikeda）在1908年採用這個名詞。他注意到許多食物（尤其是高湯）都有類似的特質。他分析之後，發現這是來自麩胺酸這種胺基酸，以及／或是核苷酸中的肉苷酸（inosinate）和鳥苷酸（guanylate），還有鈉和鉀之類的礦物質。食物中有這些物質時，就有喔－媽咪的特質。

昆布（常作為高湯的基底）、蘆筍、香菇、燉煮的肉和番茄裡有，醬油、魚露和起司等發酵物裡也有。池田進一步發明了味精，這就不再贅述。

之後發現舌頭上有鮮味會觸發的受器。因此鮮味是一種味覺。

威士忌也有嗎？嚴格來說沒有，但威士忌中有脂肪酸，也有類似的圓潤特質（尤其是未經冷凝過濾的威士忌）。品嚐威士忌時，口感很重要——那種感覺、威士忌流動、包覆舌頭、充盈口腔的方式。這些表現很重要，能增添威士忌的複雜度與均衡度。田中誠太說他三種風格的穀物威士忌是「鮮味三兄弟」。穀物威士忌被比作高湯的概念與此有關。在日本，口感在食物與飲料中扮演了關鍵的角色。

這是我一直追尋的，但現在漸漸變成執著了。都是武耕平的錯。隨著一盤盤、一碗碗食物，他逐漸增加我的知識，改變了我品嚐的方式。唐諾・瑞奇在《日本之味》（*Taste of Japan*，1993）中寫道：「口感應該有衝突與互補：硬與軟；脆性與粉性；韌與滑。」如果你從小就認為日本的食物應該是這樣，同理也應該認為日本的威士忌製造者會把這些當成重要的元素。他們不只思考聞起來、「嚐」起來怎樣，還會思考口感。

SINCE 1923

山崎

Yamazaki

山崎蒸溜所

京都

在京都車站的格蘭比亞飯店（Granvia Hotel）醒來得夠早。我仍然滿腦子都是名古屋味噌、穀物威士忌的可能性，以及可以再去哪裡吃鰻魚。我和武耕平會合，但（再度）錯過了早餐，難怪這天早上我最常想到的是味噌和鰻魚。

晚點會去山崎，不過首先我們走過京都的一條長廊，這裡的燈光透過大張富有紋理和花樣的和紙，朦朦朧朧。這裡既是畫廊，又是工坊。我們坐下來的時候，超大張的和紙（2.7 x 2.1公尺）像帆布一樣一張張拉出來，一張比一張驚人——銀色和紙隨著光線打上去的方式不同，會改變質感和顏色；一張的一面有雨滴，燈光從後面打來，變成色彩繽紛的瀑布；另一張上面有洞洞。星座和噴射氣流，能量場、季節的流動。抽象的現實。這些都是堀木エリ子（Eriko Horiki）的作品。

和紙是用桑木漿和水調和後，在大塊抄紙器上成形，圖樣是在表面放上桑樹皮、絲或棉線做成的。一桶桶染料倒到抄紙器上，形成螺旋的顏色，而洞是堀木在成形前的表面上灑水形成的。

一張和紙可能花上五個月才能完成，由三到七層組成，有些有花樣，有些染了顏色，每張紙不到1公釐厚。集合成的效果令人驚豔、啞口無言。我和武耕平四目相交，搖著頭，互相用嘴形說：「怎麼可能？」

紙與碎石中蘊含平靜與能量。

和紙

紙很重要。紙代表著口語轉變到書寫的文化。紙能記錄、承載訊息，包裹、摺疊、容納。日本製紙已有1500年的歷史，而和紙是製紙工藝的極致展現。不過直到近年，和紙才開始被視為一種建築媒材。話說回來，從來沒人跟堀木エリ子說過這件事。她的作品現在掛在豪華飯店和高檔的購物商場。一個大型作品在首相府邸，另一個在一間禮拜堂。三得利頂級威士忌的標籤是用她的紙，不過規模比較小。

堀木的衣著是優雅的黑白雙色，平靜但不冷漠。每一句話都伴隨著微笑或輕笑。

我推測她的作品應該是多年訓練、就讀藝術學校的成果，或許有紙藝的家學淵源；我想的或許很合理，但我錯了。她微笑地說：「我沒受過藝術訓練。我在銀行工作，然後在一家紙工廠的會計部門工作。有一天，我的同事要去福井縣今立郡一間和紙工坊，我就一起去了。

「那時是冬天，非常冷。工廠很冰，所有的工匠不斷把手浸入冰凍的水裡，但即使在這種情況下，他們對自己的工藝仍然充滿熱誠。他們的手都凍得發青了！

「我驚奇的不只是和紙文化在這裡很久了，而是聽到他們告訴我，比較小的傳統工廠一一倒閉，機械化的工廠取而代之。我想設法拯救這個文化。」

當時她24歲。從那種利他的衝動到目前這樣，是很大的躍進。

「我沒受過訓練，但我有願景。」她停頓一下。「我開始研究日本工藝，以及人為什麼製造東西、是怎麼做的。我後來弄懂了，這種理念其實存在於我們的DNA裡。人類有創造的心。這不是學來的；而是心裡本來就有。所以才會發展出文化。」

和紙製作者面臨的主要問題不只是機械造紙比較便宜，而是從前的用途逐漸消失了。原先是為藝術家而生產，近年則是主要用來包裝禮物——禮物愈高級，就會用上紙質更重、更純的和紙。為了拯救工坊，她必須替和紙找到新的用途。

堀木エリ子靠著自學，轉化了和紙的可能性。

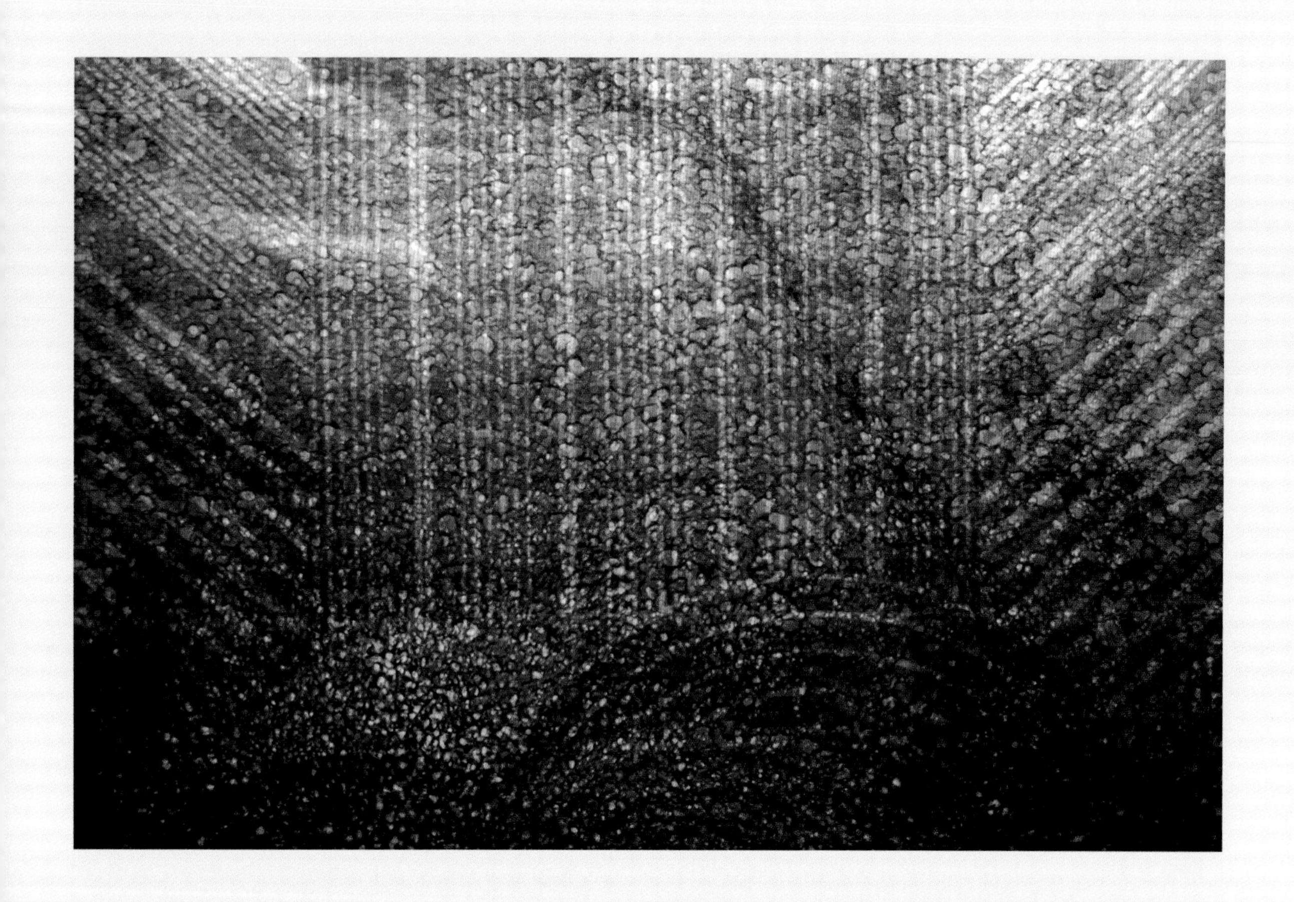

她開始委託工坊製作大張和紙，用在她的作品。今天，她在京都的工作室能製作更大尺寸的和紙。

所以堀木エリ子是靠著突破現狀來保存傳統嗎？她點點頭。「日本學校教我們的是，傳承與創新水火不容，但手工藝能存在1500年，是因為創新。少了創新，什麼都不長久。」

換句話說，傳承只是把過去創新，而創新是未來的傳承？

她又點點頭。「如果我受過工藝教育，應該做不了我做的事。我能想出這些有彈性的想法，是因為我沒受過工藝訓練，不知道有哪些限制！」

或許只有局外人看得出怎麼靠著讓一個工藝演進來拯救這種工藝。我和堀木的整個談話中，再度出現了我和威士忌製造者談話時的那些詞彙。含蓄、工藝、傳統、小細節、需要持續變動、改進的需求。這都是共通的理念。

堀木開始實現願景之前，也必須更深入了解紙。她解釋道：「紙有一種心靈層面。紙在日文唸作kami（かみ），和我們的『神』唸法相同。我們認為我們和神祇之間有某種連繫，因此製作白紙能幫助我們淨化心靈，讓我們和神祇產生連結。所以我們才用白紙包裝禮物。我相信和紙純淨、穩定，希望可以表達那種含蓄力量的平衡。」

可是她在紙上染色、打洞啊！

她笑了。「工匠想要阻止我，但每一件作品都有很多層，而每個作品都有一層純白的紙。」

我想著打了洞的紙，想著那張紙現在看起來有近乎褻瀆的感覺，也想著紙的脆弱，而不是紙的力量。

「他們看到紙上有洞時，覺得我瘋了。他們覺得那樣是毀了紙。一開始，我想做出完美的紙，有東西滴到紙上，紙就毀了。後來我想，『何不讓紙上布滿洞呢？』紙不再是毀了；反倒成了藝術。」

成品的顏色、圖案甚至看起來的輪廓都隨光線而變，有某種催眠的效果。隨著飄舞流動、展現材質的力量與脆弱時，令人心情平靜。我心

想，那些洞訴說著無常，純粹之不可能，以及因此達成的美。「缺陷」使它完美。

「每件作品都有一種能量、一種意義、一種精神。是一段敘述或一個故事。如果客戶想要用來裝飾某個建築，我會超越那間公司去思考，思考精神是什麼，因為紙本身有一種精神。」

她覺得和其他工藝有共同的理念嗎？

「對我來說，一方面是傳統，一方面要做出適合今天的東西，工藝就是去了解這兩者之間固有的張力。另外也是尊重自然和生命，並且做出對某個人有價值的東西。」

她有需要妥協的時候嗎？

「開始的時候，我想控制一切，但如果想做出『完美』的東西，不如乾脆用機器做。和紙中蘊含了我的感覺，但也有一些我無法處理的東西。製作這些作品既是設計與技巧，但也是偶然。成品很大一部分仰賴溫度和人性。

「我們在做彩色圖樣時，所有人同時把裝了染色纖維的桶子倒下去，但大家各有不同的力道、抓的時間點也不同，因此成品只有70%符合原先的構想。潑灑是設計，但也有自然選擇的元素——水落在哪裡，我要甩得多用力。最終結果關乎願意接納偶然，允許計畫隨著自然對過程造成影響而改變。」

她又微笑了，然後微微點頭。她很忙；而我們還有一間蒸餾廠要參訪。

堀木エリ子的非凡作品。

從京都到山崎

我們在京都中央車站閃躲照常水洩不通的學童、上班族、遊客和僧侶時，堀木臨別時說的話不斷飄過我腦中。如果創新只是明日的傳承，或許驅動創新的是改變，而那機遇迫使威士忌製造者改進，接納自然的力量。任何藝術，甚至「道」，即使看似再僵化、以過程為導向，都必須願意接受際遇和改變。

我們坐上開往大阪方向的區間快車，在山崎下車。老樣子，同在這裡下車的只有其他幾人。我走這條路去山崎很多次了。我第一次來日本的第一天，還因時差而茫茫然，感官已然超過負荷，帶著威士忌作家麥可・傑克森的一大包書踏出車站。每次我回來，彷彿都能看到那個比較年輕的自己走過同樣的路。那些鬼魂暫時相遇，而我皺著眉頭想著我在蒸餾廠問的一些問題有多蠢，我改變了多少，又添了多少白髮和白鬍鬚。我每一季都在這裡走過，在汗流浹背的夏日高溫中，伴著震耳欲聾的蟬鳴配樂；在宜人的秋季；在刺骨的寒冬；以及在充滿期盼的春日生機之中。總是同一條路，卻又總是不同，次次如新。

來過幾次之後，才有人不經意地指著車站旁一棟簡樸的木造老建築，說：「你知道那是妙喜庵（Miyoikan），也就是千利休（見157頁）的第一間茶室嗎？」他從來不曾遠離，而且即將更加接近。

爬到山丘頂，左轉，然後右轉，就會看到舊標誌標示著京都和大阪的地界；一旁有一間古老的旅舍，賣的是上好的麵，還有一間神社，關大明神社（Sekkidai Myōjin），紀念1582年在此地的大戰，當時豐臣秀吉為他主君報仇，開始自己爬上權位，統一日本。這條古老的路承載了許多故事。

來日本的第一天，我對此一無所知。我甚至不知道那間蒸餾廠是什麼模樣。我當時想的恐怕是壯觀卻樸素的東西，但隨著神社旁的道路變直，山崎的龐大褐磚身影吸引了視線，而你沿著道路直筆狹窄的路段走去，經過灰瓦屋與守著屋子的日本貍，避開汽車和機車，那身影繼續聳立——高大、堅固，望之生畏。

那是我最常造訪的日本蒸餾廠。這次我腦中充滿更多的理論，才明白我總是來這裡，從我最老、最親愛的老師之一，三得利的福與伸二身上學習、測試那些瘋狂的新念頭。

我們談過過程，以及調和。我們研究過語彙，提起創新，而每次參訪結尾，就揭露新的層次——我想，並不是因為有任何保留，而是因為我擁有的知識允許我更深入了。

唯有親身或靠著品嚐重返一個地方，那些問題才可能成形。對我來說，這是另一個起始之地——第一天，第一座蒸餾廠，初遇水楢木（見90頁），第一次使用「透明感」這個詞，以及從不曾消失的那種新鮮感。

有些蒸餾廠令人欣慰。你會掉回一個充滿機械運轉聲、怪癖和氣味的熟悉世界，但隨著你更深入那種熟悉感，這些總是會給你不同的東西。不過山崎持續自我更新，似乎存在於一種連續而永不停歇的當下。

山崎樹林中的靜謐。

山崎

首先有水。然後有宗教。

任何蒸餾廠都不只是生產設施。每一間都有一個背景故事，受到歷史的影響。即使是知多那間最工業化的酒廠，一旦認識了那裡，會發現它也有人性的一面。不過山崎嘛……山崎很有深度。威士忌製造不過是最後在這個場址發生的事件。曾經武士在這裡廝殺，百姓在這裡祈禱、做茶，他們有思想、有理念，有夢想，並且在那些夢想上發展。山崎既是起始點，也是所有日本威士忌仍然繞著它打轉的中心。

站在古道盡頭地勢高處的路口等待柵欄升起時，這一切並沒那麼一目了然（我還感到某種程度的惶恐）。有幾個軌道要跨過，我總覺得我的動作永遠不夠快。

如果說白州（見56頁）是在森林裡，那麼山崎有點像植物園，每棵樹好像都有標示牌。只有後面長滿竹子和檜木的陡峭山丘才殘留一點荒野的氣息。

我們經過的左手邊，從前的龐大發麥廠有好幾層樓高，右手邊是豪華的新遊客中心。一群學童的導覽正要結束。這種景像在日本並不罕見，不過如果在英國，去當地蒸餾廠校外教學恐怕會引起眾怒。難怪我們和酒精的關係那麼糟糕。

伸二跟我們在管理處外面碰頭。他曾在蘇格蘭擔任過三得利的代表，在日本管理三得利的蒸餾廠，之後回到調和團隊，在輿水精一手下工作，在2011年接替了輿水的職位。

我們站在兩座雕像旁，一位是三得利的創辦人，鳥井信治郎（1879-1962），另一位是他兒子，佐治敬三（Keizo Saji），也就是建立特級威士忌這個類型的人。他們旁邊是鳥井在1923年設置的那對原版罐式蒸餾器的其中一座。雖然現在閒置不用，但這裡的蒸餾器仍然採取同樣的外型。

山崎的規模壯觀，是日本第一座專為生產威士忌而建造的蒸餾廠。

不過為什麼建在這裡呢？鳥井的根據地是大阪；他知道未來的威士忌市場會在大城市，像是東京、大阪、京都、名古屋等等，因此有個合理的經濟考量，但不只這樣。還有水的因素。宇治川、桂川和木津川在不遠處匯流，鳥井認為造成的朦朧水氣對熟成很好。附近有「利休之水」，這座泉水名列日本的百大名泉（源頭上蓋了一間神社）。

所以是市場和水的考量，但仍不只這樣。我們走著，卻不是朝蒸餾廠而去，而是遠離蒸餾廠，爬上山坡，來到一道高大的紅色鳥居，之後陡上，爬向一片神社群。伸二解釋道：「這地區原來是一座龐大的佛教寺院，一直延伸到現在建了鐵軌的地方。寺院建於764年，山崎之戰後，豐臣秀吉派人請千利休示範茶道時擴建。」利休就是在這裡開始把喝茶改進成謙卑而平等的事，專注微小的細節——手藝和細節。很難不看到同樣的推動力持續在運作。這裡或許應該略過1591年豐臣秀吉命令利休切腹的事。保證沒有任何首席調和師受到那樣的傷害。

西化之後，佛教式微，神道教抬頭，許多老寺院改成了神社。林子裡就有四間神社。伸二告訴我：「信治郎相信那些神祇。」

所以這不是蒸餾廠之地，而是受眷顧之地，是個聖地。鳥井既是化學家，也是牙膏生產者（是他身為化學家的前幾份工作），曾生產洋酒（日本19世紀生產的代用西式烈酒），但他也和地域和精神的回

山崎有兩座糖化槽。

響有深刻的連結。

他的威士忌之旅始於他開始著迷木桶陳化的酒，不論是葡萄酒（他的首次推出的產品是赤玉「波特」）或是威士忌。伸二繼續說：「（在他建立山崎的）同時，日本開始西化。但是到了1920年代，日本開始經濟蕭條，威士忌的錢都進了蘇格蘭和美國蒸餾廠的口袋。他想讓那些錢留在日本。他總是想著自己的國家——而他喜愛威士忌！」

鳥井有竹鶴政孝（見210頁）在身邊當經理／蒸餾師，於是著手工作，1924年開始生產第一批烈酒。1928年，推出了第一支日本調和威士忌，白標（Shirofuda）。白標的靈感來自蘇格蘭，不只帶著煙燻味，而且是太重的煙燻味。太厚重，太健壯，太像硬派的蘇格蘭威士忌，無法吸引日本消費者。然而白標沒成功，卻成了創造獨特日本風格的關鍵。失敗使得鳥井的願景更聚焦，更加集中、精進，也使得老闆和蒸餾師分道揚鑣。這下子有了兩種思維。

如果你想標示出日本威士忌（而不是日本做的威士忌）的起始點，就不是1920年代的實驗，而是1930年代出現的那些品牌，尤其是三得利在1937年推出的新調和款「角瓶」。

伸二解釋：「日本味蕾不習慣歐洲風味。紅酒太苦，威士忌的煙燻味太重。不過又有些人想吃得更好、喝得更好，所以（鳥井）必須達到品質要求。」事情真的那麼簡單嗎？鳥井發覺，如果日本威士忌要成功，就必須吸引大眾。而這是他的天賦。

於是風格大轉彎（棄煙燻，改成比較輕盈的風格），也是日本威士忌製造者願意改變產品和技術，滿足消費者感受性的第一個證據，這種做法一直延續至今。

首先，山崎有兩座糖化槽，容量不同，但都是完整的萊特糖化槽。小的那個設置於1989年（容量上限是18公噸，依不同的威士忌風格而異），當時蒸餾廠為了生產不同風格的單一麥芽威士忌而全面重新配置。

1989年，一切都變了。分級系統廢止，蘇格蘭威士忌開始抬頭，白牌的時代也過去了，開始重新檢視日本威士忌是什麼、可以變成什麼模樣。山崎是在五年前以單一麥芽威士忌為目標而建立；對山崎而言，代表要在蒸餾廠裡建立另一間蒸餾廠，有比較小的糖化槽、木製發酵槽，以及專用（但比較小的）蒸餾器。

風格改變了。小型的蒸餾器產生一種比較飽滿、更富果香、酯類的風格。2005年，山崎進一步擴張。風格又加深了那麼一點。

一般而言，使用的麥芽不是無泥煤，就是重泥煤，但這兩個分支也可以調和。使用的麥芽品種主要來自英國的現代品種，不過也會用黃金諾言和一些較老的品系。

為了風味因素，使用了木製發酵槽。

山崎擁有各種不同形狀的蒸餾器，擴大了風味範圍。

麥汁終究是清澈的。蒸餾廠經理富士先生說：「碾磨度非常重要，所以我們在尋求較大的皮殼率，以得到理想的濾層。接著我們只取濾層的最上層，得到一些過濾效果，然後非常緩慢地進行糖化循環。」

殼多一點，表示每公噸大麥做出的酒比較少嗎？伸二微笑了。「清澈的麥汁能得到的要不就是特質，要不就是較高的產量。只要可以造出更好的威士忌，即使成本較高、效率較差也沒關係。如果有助於品質，我們就會去做，因為真正能獲利的是品質。」

發酵槽現在全是木製的，因為增加果香特質，多少表示發酵時間拉長，需要活化乳酸菌（見59頁）。富士先生說：「我們通常發酵三天，使用兩種酵母。一定都會用釀酒用酵母。研究顯示蒸餾用酵母可以迅速轉化糖，但釀酒用酵母能增添複雜度。」

我們在蒸餾室外。我現在還記得（其實永遠忘不了），麥可・傑克森用約克郡的口音在我耳邊低語：「你不可能見過這樣的東西。」

他說得沒錯，山崎和白州一樣（見56頁），有形狀、大小各異的各式蒸餾器。主蒸餾室有六對，其中兩對是在1989年設置。兩座酒汁蒸餾器仍然有蟲桶，另外兩對新的，在2005年設置在一棟附屬建築裡，酒汁蒸餾器的形狀和一座烈酒蒸餾器的形狀都按1923年的原版製作。

山崎陰森森的倉庫。

所有酒汁蒸餾器都是直火加熱。伸二解釋：「根據研究，我們相信直火會創造更多複雜、濃烈的香氣，而這種特質是在酒汁蒸餾器建立的。用烈酒蒸餾器就不一定。蟲桶（也會提升厚重感）用在酒汁蒸餾器也是這個原因。」

就是這種方式建立出來的酒體，使得新山崎與眾不同。在蒸餾過程中，這種方式也涉及刻意利用酒汁蒸餾器造成的「霧化」，允許特定物質的細緻霧氣在蒸餾器裡升到比正常更高，有助於增添重量感。

另一方面，每次蒸餾完之後蒸餾器都會清理，讓銅恢復活性，拉長對話的時間。富士先生說：「我們跑八種不同的蒸餾，然後加上不同泥煤含量、大麥品種等選擇因素——有時還有不同的酵母⋯⋯」他用不著說完。反正你知道意思——這裡製作的烈酒太多了。比方說，第五對做出來的威士忌開闊，但有含蓄的複雜度，帶有一點滑膩、成熟的紅色水果和山崎招牌的鳳梨味。第二對有比較輕盈的水果、更多酯類的香調，還有瓜果和較甜的特質。最新的蒸餾器（按照最老的款式製作）做出來的則是芬芳、帶果香與酯類，但重量感中等。

之後這些複雜的排列組合成果都會放進倉庫裡。倉庫雖然大，卻是長形的，只有四桶高，仿照傳統蘇格蘭熟成酒窖典型的「鋪地式」。我置身在橡木和烈酒的香氣中，窺視著每個桶子圖案上的微光，吹掉一些桶子上的蜘蛛網，手指撫過桶底的「JO」字樣（代表水楢木），或是雪莉桶上的「KTB」（Kotobukiya，壽屋）。遠方，一小塊長方形的綠色與金色燈引導我們繼續前進。

我們通過一片如森林般的木桶，有各式各樣桶型——全新和二次裝填的美國橡木桶；全新的波本桶和二次裝填的豬頭桶；新的美國橡木糖蜜舊酒桶；全新和二次裝填的水楢木桶；歐洲橡木雪莉桶和波爾多紅酒桶。那些風味的可能性現在進一步加乘了。

不只三得利和東京大學合作研究水楢木、製作自己的酒桶，伸二和他的團隊每年也都會拜訪一系列的雪莉酒莊和製桶廠，檢視他們定製桶的生產情況。酒桶來自波爾多，三得利在那裡擁有拉格蘭治酒堡。

我們踏入陽光下，一旁是個小池塘，池邊長滿楓樹。一小座瀑布涓涓流入。池塘清可見底，樹木似乎漂浮在那個反轉的世界中。那是透明感。

吃完麵，我們來到調和室。獲准闖入這個龐大的空間是莫大的榮幸。桌上擺滿了樣本酒瓶，有調和威士忌、麥芽威士忌和試驗品。一旁的房間裡有個收藏世界各地威士忌的大圖書館，讓團隊可以注意其他地方的發展和風格變化。

該來品飲了。我們從2003年裝進不同酒桶的同一款蒸餾液開始。糖蜜舊酒桶有一種放鬆、溫和、微甜、濃厚卡士達的特質，泛著一絲水果和榻榻米的味道，而豬頭桶則在比較明顯、成熟的烤鳳梨、香蕉和胡椒之外，多了香草的泛音。波本桶有最醇厚的萃取，帶有蜂蜜、多汁水果、牛奶巧克力和一絲溫和的烤椰子，由清爽的結構支撐——以及更多酸度。

樣品愈來愈多，可供我們選擇的多樣性也大了起來：混濁、帶樹脂味、單寧豐富的1989年西班牙橡木桶，展現出甘草、咖啡和加味胡椒的氣味；1992年的美國橡木二次裝填有一種成熟（類似鮮味）、有點柑橘類的刺激感，一點大黃、薑和山崎經典的輕盈清新果香。品飲繼續：香草、山椒、香、溫泉、菸草葉、乾果皮、酸梅，不過都認得出是山崎——那種果香、鳳梨、淡淡的酸度。

這些都可以用來調和，或做為單一麥芽品項，其中每一款都調和了山崎的諸多特質，成果各異。比方說，蒸餾師特選無酒齡標示（Distiller's Select NAS）是用不同的成分酒調和成12或18年份威士忌。全都是山崎，但全都不同。

談了許多研究，地點顯然仍是一個強大的元素。伸二解釋道：「這裡夏天非常熱，我們需要更大的桶子來熟成，這樣濃縮的才是烈酒，而不是木頭。這裡和近江（三得利主要的熟成酒窖所在，靠近神戶）的萃取量也比較多，同樣的威士忌裝在同樣桶型放在白州，卻會得到完全不同的結果。而且，山崎的微氣候溼度也比較高——而且倉庫沒有那麼高的屋頂，所以也不一樣。」

沉靜的男人——蒸餾廠經理富士先生（上圖）和三得利的首席調和師福與伸二（下圖）。

完全不靠偶然，不過在這麼多科學研究和機密（我不能透露）之中，背後還是人的感性在運作。什麼都不能偏離威士忌製作的技術面。這樣的威士忌製作是與藝術和知識結盟，而且以藝術為首要元素。

伸二有一次跟我說：「我們是工匠。工匠的目標是創造出新的事物；工匠是創造者。我們工匠負責創造，但也負責維持產品的品質。我們要信守承諾。」

我能明白山崎之所以為山崎的原因，但為什麼這也是日本威士忌呢？伸二的回答和這趟旅程中許多的反應一樣，不是先說威士忌，而是食物。「你可以在紐約吃到義大利人做的義式料理，在英國吃到印度人做的印度料理。在日本，你會吃到日本人做的義大利料理——所以你看我們的咖哩多麼不一樣！我們的文化不同，我們把東西變成自己的。這往往是最微妙的事。此外，我們的文化是一切追求盡善盡美——不過我得承認，有時候會捨本逐末！」

該來試試一個理論了。這是威士忌道嗎？

「對，不過『道』不只是『道路』，也是『某某藝術』，這表示要考慮到很多元素。我們著重新鮮，以及食物本身的味道。所以我們的懷石料理、壽司、調酒，都注重優質材料和季節。關注的點是一樣的。威士忌的重點不只是酒的品質；也是哲學。」

這有助於產生這種「透明感」嗎？

「我們擅長精準，對於製作威士忌，我們很注重這些精準的細節，所以我們想萃取非常清澈的麥汁，想要發酵之後得到清澈的風味。我們想做的是純粹而帶有複雜香氣的威士忌，但沒有『喧嘩』。是含蓄的。

「我認為，日本做的烈酒都是含蓄、雅緻的——溫和而純淨，用軟水、深度熟成，萃取出來的東西比溫度較低的蘇格蘭更多。」

所以山崎是什麼？與其說是實驗室，不如說是藝術與哲學的可能性交織成的活網絡，存在於永恆的當下。

山崎的風格非常多樣化。

品飲筆記

山崎和白州一樣，蒸餾方式創造的豐富可能性，令人既振奮又困惑。品嚐一些不同的橡木桶種類，約略能了解山崎的威士忌製造者有哪些選項可以取用。

2003年的新橡木糖蜜舊酒桶芬芳而有卡士達、榻榻米的味道，新鮮水果的口感；同年份但在美國橡木豬頭桶陳化的樣本發展出香草味，以及山崎招牌的鳳梨味。帶出核果的口感；同年份的波本桶結構上比較清爽，聞起來更多牛奶巧克力、椰子，但口感多了酸度。

然後是雪莉桶，加入了較深沉的風味與更多的結構。1989年的單桶有咖啡豆、乾燥荊豆花、黑胡椒和葡萄乾的香氣，不錯的緊緻與收斂；1994年的則有菊苣根、糖蜜和巴薩米克醋的元素。水楢木在山崎的形象中是很重要的一個元素；1984年的一個樣本散發出來的濃烈異國強度堪稱模範——完全是老屋子和寺廟、香、鼻煙、多香果、羊角椒和核果的味道。確實令人驚奇，不過最大的驚喜來自在二次裝填桶中熟成的23年重泥煤蒸餾液。煙燻味消失了，剩下熱帶水果（芒果、番石榴、木瓜）的濃烈漩渦，以及蠟味。

裝瓶的產品中，相對較新的**山崎蒸餾師祕藏**（Yamazaki Distiller' s Reserve，酒精度43%）有燉莓果、水果沙拉那種典型增強、加味的香氣，帶了一絲煙燻味。口感溫和，最後才顯露出沉重的元素。這種香氣與深度的混合，也出現於**12年款**（12-year-old，酒精度43%），此外還有像榻榻米的不甜香氣，鳳梨，全部的力量在舌中段凝聚，口感多汁。

18年（18-year-old，酒精度43%）似乎用了比較厚重的組成，加上雪莉桶與水楢木桶。香氣濃郁的深度中有些許焚香、葡萄乾和羅望子味。罕見的**25年**款（25-year-old，酒精度43%）延續這種雪莉桶的特質，但增添更多無花果、椰棗、巴薩米克醋／醬油的香調，和一種厚重、微苦的層次。狂熱者可以找找**山崎雪莉桶**（Yamazaki Sherry Cask，酒精度48%），最新的在2016年出品。這支酒有焙茶、芳香木頭、新雕花皮鞋的氣味，尾韻之前意外地出現玫瑰花瓣、草莓，當然還有鳳梨。

大阪

我們都回到三得利在大阪的奢華新酒吧兼餐廳，那裡還有一間店在賣老桶板做的高檔家具。餐廳裡，吃午餐的女士和時髦年輕人與生意人混跡在一起，人人啜飲高球威士忌、威士忌調酒或瓶裝酒。情況確實在改變。鳥井的願景在這樣的時刻似乎已經實現了。威士忌這種飲料受到接納、享受——不論搭配食物還是單喝，已經跨越世代，不受年齡、性別或收入的限制。

事情並不是一直這麼順利。我們換到一間地下室的三得利酒吧Taru，酒吧老闆是87歲的和田幸治，他開酒吧已經55年了。和田的酒吧生涯一開始是在京都街頭推著一個移動式酒吧，頂著一只1公噸的水槽。他會找個場地，從旁邊盪下來，爬進去販售飲料。1950年代，他也訓練了新一代的日本調酒師。

他是跟誰學的呢？「我自學的！」他說完哈哈大笑。他記得威士忌的美好過去。「那時候所有人都喝高球威士忌。少數人加水，但都是日本的——角瓶、托力斯、Nikka。蘇格蘭的價格是三倍。」然後是蕭條期，但他還是繼續一杯一杯地倒出迷人的老式飲料——他有一整本書全是以莎士比亞劇作角色為靈感而設計的飲料。

他若無其事地說：「1950年代，有一次新年我曾經受邀到鳥井先生家。」

鳥井家是什麼模樣？

「很現代化，有個壁爐。在1950年代不多見。」

那鳥井呢？「他是很沉穩的人。他有一次來的時候，給了我這幅書法。」

我和武耕平回到格蘭比亞飯店時，覺得很多事情有待思索。堀木，山崎，關於含蓄、創新、季節、工藝、際遇、創新、品質的談話——然後是推動日本調酒的人，他臉上掛著燦爛的微笑，仍在那裡，仍在分送智慧。

隔天，一切就會豁然開朗。

資深酒吧老闆和田幸治（Koji Wada）。

工藝

堀木エリ子談過傳統近乎死亡，再以新的形式重生，我總覺得其中有值得威士忌取法之處，尤其是當代的活躍傳統是以過去的創新為基礎這個信念。而想讓傳統繼續活躍，就要做同樣的事。無法體認到這一點還想推展，就會被邊緣化。加拿大詩人歌手李歐納．科恩（Leonard Cohen）寫得好，創新是「一切事物的裂縫。有裂縫，光才能進來。」

今天要在另一項傳統技藝上測試這個理論——製茶。雖然咖啡在日本似乎十分普遍，但每次會面開始，總有一盞茶輕輕放到你面前。

茶你逃不過，但你逃得過茶道的儀式。這種儀式和許多傳統一樣，按唐納．瑞奇的說法，變成了「文化化石」。傳統在某個時候成為病症，而不是生命能量；變得食古不化，無法動彈，受到規則和規範的束縛。

對於茶的狂熱者而言，這會是完美的一天。我會坐下來學習種茶和製茶的事。至少不會牽扯到茶道的指示。多年前，我非常短暫地聽過茶道需要的一些（好吧，只有一種）技巧，把抹茶粉刷成濃濃的綠色液體，看似簡單，而那個色調和均勻度宛如亨寶（Humbrol）的「訊號綠色」漆（色號208）。

刷茶的事是我祖母教我的。她雖然個子小，但精力驚人，而且是刷茶高手。然而，據我回憶，她用不著以某種獨特的方式拿她的茶筅——大拇指朝著你，食指和中指在後面，手勢像一隻把嘴浸在水裡的鳥。而且當時她甚至不必用茶筅在茶碗裡畫M字，弄破浮起的泡泡。

就連拾起柄杓、倒水的方式似乎都太不自然，需要格外專注。雖然這些動作在專家手裡看起來自然又優雅，但是你會注意到這些，唯一的原因只是這些簡單的動作被意識化了、變困難了。要你喚醒頭腦去注意俗務。我想，那應該是重點吧。

總之，那些今天都不會碰到。我只會發問、喝茶——而且是在宇治，那裡堪稱日本茶的羅曼尼康帝酒莊。

技藝關乎重複，也關乎改變。

茶

雖然茶樹在9世紀引入日本，但要到1191年，榮西禪師（日本臨濟宗創立者）從中國返日，才正式開始種茶。榮西禪師種下種子的地方之一正是宇治，位於京都南方17公里的城市。我們的茶學校是家族經營的福壽園宇治茶工房（Fukujuen Ujicha Kobo），歷史沒那麼悠久，在1790年開始營運。

我們穿過店面，上樓來到作業空間。其中一個房間裡有一群遊客（看起來是一個辦公部門來一日遊）正在把茶葉磨成粉。這樣可以；拜託別刷茶就好。

年輕的導覽員山下新貴（Shinki Yamashita）說：「請進來。我們會在這裡進行。」房間充滿茶葉香，清新、明亮，讓我彷彿置身白州。且慢——「進行」？這裡沒有石磨。只有並排的桌子。

不用刷茶，也不用研磨；他們指導的是手揉（temomi）的技術。現在日本幾乎所有茶都用機器處理。這種手作的方式是最古老的傳統，如今十分罕見。又是反覆出現的那個主題。認為日本是傳統技藝的神聖寶庫，這想法大錯特錯。它們雖然存在，但並不穩固。

山下補充道：「而且很困難。」他臉上是有點邪惡的微笑嗎？「用科技是可以加快速度。但我們認為這樣最能控制風味。」

手揉總共有八個獨立步驟。我們站在焙爐（hoiro）旁。沒什麼時間做筆記，但武耕平設法抓住那一兩秒的拍照時機。我們面前是一堆深綠色的單片茶葉。

山下繼續說：「這是八小時的工序。」我們面面相覷，有點擔心。畢竟我們晚餐有計畫了。「我們最好趕快開始。這裡有3公斤。處理完之後，會有500公克——做得正確的話。」

焙爐上蓋著一張像從老船上拿來的破損髒汙的帆，但那其實是十層紙（叫作「助炭」，jotan）。摸起來暖暖的。「下面加熱，我們處理的時候，水分就會蒸發。通常是攝氏100度。我們會替你們降低一點。」他微笑了。「而且我們不會要

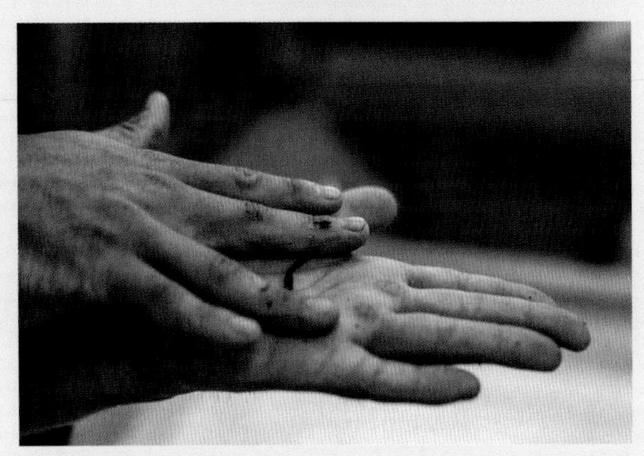

求你們做滿八小時。」茶葉已經薰蒸、篩過、冷卻了。

我們著手進行。磨搓茶葉，拾起，在兩手之間揉捻。「不對。再用力。要擠壓它。」這是新步驟。讓茶葉留在助炭上。拿起一團，用手掌根去壓、擠，緩緩滾動茶葉。就像揉麵團，但時間更久、更嚴謹。我彎著腰，開始背痛了，助炭逐漸染上綠色，我的手也是。「動作快！」我們加快速度。「捏它，壓它。這樣會讓水分含量平均，讓茶葉均勻乾燥。」每一次捏擠都有助於破壞茶葉的細胞壁。茶開始氧化，逐漸形成比較複雜的風味。

這事做起來很熱，汗水淋漓。我想起觀看製作清酒的過程中，釀酒師光著膀子，使勁撥動檯面上蒸氣騰騰的米和麴。就像製茶一樣，很依賴對氣候和溼度的了解。咦，我最近還在哪裡聽到這樣的事？「我們用手摸就知道茶葉的含水量、怎樣處理、揉捻最好。」茶是古老的產品。每年的環境條件都會變。

起初，我以為山下是個導覽員，但武耕平接手我的工作時，我問他訓練的事。「要15年才會出師。我是跟祖父學的。」他祖父？「對，我祖父是大師。其實他名列其他11位大師之上。」我看得出他的影響，不過山下新貴是認真的老師，堅持要我們好好做。這種茶很貴，如果想知道要怎麼製作，就不該半調子。

另一步。現在把茶葉捧在掌間，然後翻動茶葉，輕輕在掌中擠壓。然後翻過來，重複動作，再翻過來，再重複。「找到規律。很好。維持那個壓力。看到茶葉現在比較乾了吧？」如此繼續。

另一步。拿出一片木板，和助炭呈45度角。現在茶團比較小了。拖拉、壓，拖拉、壓，不過這次動作比較輕柔。繼續做。

然後是另一步。茶團放好。五指攤開，雙手放在上面。往下壓，這時手指像鳥展翅一樣伸開，手腕合到一起，把茶團一分為二。現在把兩團

福壽園宇治茶工房，製作最高級的宇治茶必須親力親為。

合在一起，轉90度，然後重複動作……再重複。最後這次緩緩地把茶葉對齊。葉片開始旋轉，變得比較像針狀。山下新貴拿起一片茶葉。「不賴。」他又拿起一片，說：「繼續做。」然後露出微笑。

我問：「你工作的時候都在想什麼？」他注視著我。

「我是禪。」正是那一句格言：「我吃飯的時候就在吃飯，睡覺時就在睡覺。」就是完全投入當下。是一期一會，是肉身與靜心。

最後的步驟。現在，我們再次在兩手間輕揉葉子，力道溫和但堅定，做出最後的扭轉，然後攤開，讓它最後一次乾燥。「很不錯嘛。是今年目前最好的。」我沒問之前有多少人來。

或許他只是客氣，話說回來，我不確定如果剛剛有白痴毀了上等的宇治茶，你會不會對他客氣。我們就接受稱讚吧。「想再做嗎？我們一天會做24小時。4月和5月根本沒得睡！」我們拒絕了。晚餐有約，你知道的。

他挖了一匙「我們」的乾茶葉，泡了一壺，水溫是攝氏60度。「水太熱，茶就會苦。」這種厚重、帶著植物味的甜美液體非常鮮，有非常明亮的青味。第一杯幾乎像高湯。第二杯（一如往常）是茶的重點展現的地方，有層次、比較清新，但也比較深沉。我們舉起茶杯乾杯。

我問，這樣的茶會放到什麼地方賣？「很多地方。有些是做給天皇的。」（到了那天晚上最後，這話變成，「我們替天皇做茶」。）

「我們計畫要外銷。喝茶現在沒那麼熱門了。」我想起日本無數的咖啡廳，美國老牌明星湯米．李．瓊斯（Tommy Lee Jones）在他代言Boss Coffee的那張一層樓高的照片上憂鬱的模樣，販賣機裡的罐裝（熱）咖啡（包括無咖啡因的濃縮咖啡，叫Deepresso），還有熱愛冰滴的文青正在創造的新儀式。會面時的那盞茶也不過是儀式。茶落伍得令人憂心。

一連串的精準步驟是必要的。

千利休

禪師千利休（1522-1591）不只可視為茶道的祖師，也開啓了日本對技藝的一種新態度。在千利休的創新之前，曾有正式的中國茶道，但既賣弄，又令人讓人無法專注在真正重要的事物上——也就是茶本身。千利休為豐臣秀吉侍茶時，將一切剔除到最根本，產生侘茶（wabi-cha，侘在這裡意指「單純」、「無華」）。

泡茶的地點在一小間房間，門做得很矮，所有人不分地位，都不得不彎腰走進去。房裡擺設極簡，茶杯質樸，形狀不規則。岡倉覺三（Kazuk Okakura）在他的著作《茶之書》（*Book of Tea*, 1906）中描述了「這儀式（原先）是為了培養謙遜；光線柔和，衣著顏色樸素，整體歲月的圓熟」。

利休是日本開始尊重單純、細節、材料品質的起點。從他發展出來的東西，產生一種處理陶藝、漆藝、金工、裝飾、榻榻米、建築與懷石料理的新方式。

他說：「唯有親身體驗技藝，才能明白其中真正的意義……那是通往一國文化真正的大門。」而這些概念可以展現在泡一碗茶這麼簡單的事物中。

這裡面有威士忌可以取法之處。不只是侍茶的平靜儀式，還有欣賞其中精神的方式：體驗最卑微的原料做出來的東西接觸到舌頭、讓感官充斥風味和回憶的那個平靜時刻。但也是警告——太過依賴儀式，會限制享受，而太崇敬過去，會忘了當下。威士忌不只是啜飲一口上好的單一麥芽，也包括品嘗調酒或高球威士忌的樂趣。

終於倒出「我們」的茶。

陶藝

我們抓著幾包我們做的茶，回到室外。武耕平說：「我們去對面那間屋子。我之前拍過那個傢伙。他很厲害，是大師。」我不大清楚他會是怎樣的大師，從外面看不大出來，但這時候我已經全心信任武耕平了。屋裡是個陳列室，展示著美麗的茶具（就是我們之前用的茶杯和茶碗）以及其他陶藝作品，有些用的陶土似乎有星空閃爍。這時從布幕後面突然出現一個看起來很年輕的小夥子。「你們好。」他說著鞠了個躬，遞出一張名片，「我叫松林佑典（Yusuke Matsubayashi）。歡迎來到朝日燒（Asahiyaki）。」

我研究名片；這不只是出於禮貌，也是為了確認他名字的拼法。他名字下面印著「十五代」。我一直想要理解傳統工藝，而且一向希望把陶藝納入其中，但是不得其門而入。而現在武耕平就介紹給我一個男人，他的家族從16世紀起就在做陶藝了。

我蠢話脫口而出，大約是說：「四百年？好久啊。」

「但茶文化的歷史更久。」他微笑著說。「因為這地方有這個文化，所以我們開始擅長製作茶碗。」我知道這裡的土壤和氣候對茶的特質有某種影響，但是對陶藝有什麼影響呢？我們走向展品，那裡有我剛才欣賞過的星系碗。

他說：「那是宇治的土，能做出這種閃亮的效果。茶中帶著土香，土會影響設計。茶來自中國，陶藝來自韓國。不論種茶或製陶，宇治都有最好的土。不過雖然氣候、土壤和水都有影響，但人的感性也一樣重要。你想看窯嗎？」我真想說，看你能不能阻止我。

後面的工坊規模驚人。窯也很大。正面看起來是皺眉的日本武士，後方的波浪隆起伴著一層層階梯延伸向遠方。要怎麼控制這樣的龐然大物？

「有點像神社。我們開火時，總是向火神祈禱，因為我們雖然控制火，但我無法控制一切！

但如果我能控制一切，就不好玩了。總是有我們從來沒看過的事。我可以控制到……」他比畫了一下，「某一個程度，然後其他元素會發揮作用。」

他說他前陣子去了一趟英國，去看他祖先替伯納．李區（Bernard Leach）做的窯；這下子事情更深厚了。李區出生於香港，是20世紀英國工藝的關鍵人物之一。他和柳宗悅有很深的淵源（見88頁），從1911到1920年在做日本的傳統陶藝，並在1920年回到聖艾夫斯（St Ives），一開始是和他的朋友與陶藝師同事濱田庄司（Shoji Hamada）一起（之後濱田去了達廷頓〔Dartington〕）。兩人的日式登窯無法正常運作時，佑典的曾叔公松林鶴之助（Tsurunosuke Matsubayashi）去那裡替他建了一座新的。那座窯一直用到1970年代。

佑典這趟過去，重啓了那座窯。「我從宇治帶了土去，和英國的土混合，做了茶碗和其他作品。」就像日本威士忌的故事，只是反了過來。

那麼你如何定義你的做法是日本式的呢？「因為帶有尊重的本質。我認識輿水先生（三得利的前任首席調和師）。他可以控制蒸餾過程，但等到烈酒得注入木桶時，他就只能祈禱了！我和窯也是一樣。我必須尊重本質、過程和精神。或許西方藝術家會做更多努力，設法展現他們的個性。我設法展現泥土的潛力，所以我尊重泥土和火。」

這話和濱田大師說過的話若合符節。「如果一個窯很小，我或許能完全控制，也就是我的自我可以成為控制者，成為窯的主人。我使用大窯的時候，我自我的力量變得太微弱，因此不足以控制（窯）。所以大窯勢必擁有超乎我的力量。我希望窯比較大的一個原因是，我想當個不是用力量，而是用優雅態度工作的陶藝師。」

所以工藝在日本的未來如何呢？

朝日燒的窯像武士頭盔（上圖）。松林佑典是第15代的陶藝師（上圖右）。

「我父親死後，這個文化就一直走下坡。現在的問題在於如何讓年輕一代對工藝有興趣。傳統上，我們總是只想到內銷，但外銷愈來愈重要了。賣的不只是陶器，也是文化。」他給我一本英文書，內容是「京都的新工藝運動」。還有好多事可以討論，但時間不早了，我們得去晚餐。我的腦子又開始飛快地轉。

伯納・李區問過：「什麼是工藝？」他的答案是，工藝是「心與腦達到理想平衡時，得到的美好成果……心要靠感官滋養，不是靠西方那種尋求真相、忙碌的思維，而是直覺與情感，回應的是物質內在的指示。」

松林說的話和濱田一樣，和他那些祖先一樣，但卻很能意識到現代的感性。所有那些話似乎與堀木エリ子和所有威士忌製造者說過的事有異曲同功之妙——地點、創新、自然的過程、不強加自我、尊重、簡樸，和際遇這個美妙的元素，因為這是有生命的過程，一切都像紙的一縷縷纖維一樣緩慢成形。

那晚，我一邊想著那個「星系」茶碗，一邊翻閱柳宗悅的書。

他寫道：「耀眼的是物品，不是製作者。」

典型宇治陶器上的星系。

懷石料理

這一天還沒結束。眼前還有懷石料理，這可非同小可。我吃過幾次懷石料理，那種精準、對材料的專注、季節與呈現方式每每令我驚豔；還有單純中的複雜。我啜飲清酒，每道菜端上來都讓我倒抽一口氣。不得不說，我有時也納悶這種過度正式的體驗何時才會結束。

我努力表現，努力正坐，用正確的方式進食，但我知道我這個笨拙、高大的老外（外人，gaijin）總是會在同個時候搞砸。懷石料理因此既是令人享受的佳餚，同時又令人焦慮。

結果這次不一樣。不只因為這是在米其林二星的梁山泊（Ryozanpaku）和福與伸二在一起。應該說，不是因為受到星級餐廳迷惑，而是因為這間餐廳的老闆是橋本憲一，他非常不像你能想像的任何米其林二星主廚。他像老朋友一樣招呼我們，然後站到他的崗位，手臂架在檯面上，他上方展示了手寫的菜單。

「要啤酒嗎？」當然。不論你在什麼地方，不論你想吃東西還是喝東西，第一杯飲料永遠是啤酒。甚至有句話是說toriaizu birru（取りあいず ビール），意思是「我不知道我要喝什麼，不過我做決定的時候，先來杯啤酒吧」。立刻來了一杯拉格（由上面的泡沫判斷，是三得利的All Malts）。「乾杯。」我說著啜了一口。不是三得利的All Malts。看起來或許像啤酒，但這是——

「高球威士忌！」橋本吼著說道。「今晚這一餐是威士忌懷石料理。這是我和輿水先生創造的概念。大家為什麼都要用清酒配餐？怎麼不喝威士忌呢？」

這確實是懷石料理，不過方式新穎而熱鬧。我們坐在檯邊的凳子上，看著他著手工作，不知怎麼他有辦法同時聊天、製作、擺盤，端出極為複雜的菜餚。

就像最美好的那些晚上一樣，我們的對話以令人目眩的速度，從嚴肅、哲學的內容變成荒謬，然後又變得嚴肅、哲學。季節緩緩展現——鰻魚（當然）登場了。我們聊著工藝與季節性。主廚橋本說：「下一道菜會有些不同的東西。我

們不能整晚喝威士忌。這是懷石料理的根本。」遞來幾隻玻璃的小清酒杯。我們乾杯、啜飲。等等……

「是威士忌！我又騙到你了！」

事情就這樣繼續下去。令人眼花繚亂的各式菜餚，都含有某種形式的威士忌——稀釋過、加上裝飾、加入高湯、調成調酒。各種對比與調和的搭配。不同的溫度提供對位與和弦。這是鳥井信治郎願景的放大版——威士忌和最高級的日本料理形式密不可分。

食物主導了談話，聊的內容從季節轉換到口感。伸二說：「如果我們的料理重視口感，那製造威士忌時顯然也會被這一點影響。」

主廚說：「威士忌也是一個旅程。懷石料理也是。」接著他開始解釋已經接近尾聲的這一餐為何也與水有關。使用水的方式——在烹煮中、擺盤中，以及水如何緩緩被移除，直到「達到巔峰、重新開始」。我猛然想起鈴木談到料理和裝飾的話。

橋本和輿水創造的威士忌懷石料理刻意挑釁，卻完全符合我前一天聽到的那些事。想要生存，就必須深刻探索、願意改變。而遇上傳統，就必須和受限的做法產生磨擦。在原生地槓上高度形式化的懷石料理概念，是大膽之舉，不過為了料理和威士忌，這也必要之舉。

要訣是不要為改變而改變。創新時常受到對新事物那種貪得無厭、沒耐性的渴望驅使；顧慮傳統並不要緊，只要能做得新穎、迷人、令人興奮就好。大部分的「創新」終究都失敗了，但那也不大重要，因為隨即又會出現一樣新的東西。然而這些事物僅僅基於渴望不同，因此缺乏深度。過去不重要——除非是用來諷刺或復古。

這種心態似乎與工藝背道而馳。畢竟工藝以傳統為根基，而傳統是重複步驟與策略。工藝不是自發的；工藝珍視過去。你的家族做茶碗或製紙已有數百年歷史，這很重要。

蓋瑞・斯耐德寫道：「這是個遵循傳統的社會。創造被視為意外發生的事……學徒受到的教

導是……『永遠重複過去做過的事』，因此需要很強大的衝動……才能轉換新的方向。結果呢？傳統的老傢伙說，『哈！你做了新東西嗎？有你的！』」

我的理論是傳統技藝和威士忌有連結，但這時我還不確定這個理論能不能站得住腳。我只能發問、看看有沒有任何關連。然後就在這一天，水到渠成了。不論處理的是紙、茶、陶土、食物或威士忌，都有同樣的答案，都浮現同樣的根本原則。自然材質、簡約、樸素、注重細節之重要；耐心與努力進步、不強加自我而允許物品放出自己的光彩，接納際遇。新的一章似乎已然開啓。

米其林星級餐廳的主廚橋本設計了一份威士忌懷石料理菜單。

大阪

成員中的另一個角色加入了我們。我第一次遇到山崎勇貴（Yuki Yamazaki）時，他還在公園飯店調酒。之後他在世界各地遊歷，而我們在許多地方不期而遇—— 多倫多、倫敦、巴黎、臺北。他設計出他自己的一系列日本苦調酒，接下來會有幾天跟我們同行，當我們的翻譯。我們的計畫在最後一刻生變，因此第一天可以安安靜靜在一起。呃，原本應該是安安靜靜的一天。結果恰恰相反。

行程重新調整，所以要正式參訪的只剩淀川的酒井硝子株式會社（Sakai Glass）。這是大部分日本蒸餾廠高檔產品首選的製瓶廠，一些熟人特別指名那是非見不可的威士忌相關優秀工匠。而且這樣就要去大阪，過去經驗告訴我，那座城市總是會讓精心計畫的行程增添幾個有趣的變數。在那之前，我從沒去過玻璃廠。

計程車隆隆馳過無名的偏僻街道。我不大確定我們是不是迷路了。大概是吧。我在日本不迷路才奇怪。我本來就是路痴，不懂漢字就更慘了，何況酒吧之類的地方還可能藏身在小街、地下室，甚至摩天大樓上，那裡面還有其他一百個類似的店家。許多晚上都耗在黑暗的巷子裡看路標，只知道我們的目的地就在不遠處。結果時常是偶然發現了另一個也很出色的店家，於是原本的目的地就遭淡忘。一晚，我照常又找不到某個別人推薦的場所，於是去7-Eleven問路。神奇的是，7-Eleven裡有一對新婚夫妻在買東西，新娘還穿著她的結婚禮服。

我有地圖，但仍然有點困惑。「請問，」我說，「我們在哪？」我猜想，如果我能找到那個點，就能找到那個該死的酒館。

然而，這問題被解讀為存在主義的問題。新娘說：「噢，我們在哪？」她或許已經動搖了。

「我們在哪？」店主說著眼神茫然。結果我終究沒找到那間酒吧。

迷路很好。迷路能讓你離開舒適圈，離開大路。離開那條筆直的路時，你會遇到有趣的人—— 何況依循傳統的窄路，有什麼意義？

總之，我們因此稍稍遲到了。應該可以跟著玻璃破碎的聲音找到那地方。我們被帶進一個小房間，公司總裁酒井浩太郎開始跟我們說他家族的故事。

大阪：傳統與現代快樂地結合在一起。

錦天満宮
錦天満宮
錦天満宮
知恵・学問・商才
頭の神様
御祭神
菅原道真公
錦天満宮
献燈
熊谷勝昌
寅太郎
ウィズユー
ダイアモンド
阪本漢方堂
源久秀
井上
大國屋
魚力
冨田美家
近又
山本清掃
有次
鮮魚 木村
山とみ
明山歯科

玻璃

原來這個家族一開始是米商。酒井浩太郎說：「一位家族友人開始做玻璃。之後邀我祖父加入，然後1906年，祖父接管了公司。「我們一開始就和三得利有關係。我祖父認識鳥井信治郎。」鳥井的第一個商品，赤玉「波特」的酒瓶就是酒井硝子做的，角瓶的第一批酒瓶也是。「我們現在在替許多蒸餾廠製作酒瓶。」他的目光飄向展示櫃，櫃中有日本所有威士忌生產者製作的高級酒瓶。

我們聊起了最近的發展，他開始敘述公司某種形式的新程序時，停頓了一下。「直接讓你看可能比較簡單。」

於是我們來到工廠層。他解釋道：「我們以前會人工吹製所有的酒瓶。但我們一直在發展一種比較自動的新程序。這個嘛，有點結合了兩者。」房間中央那東西看起來像巨大的金屬蜂巢，上面打了一系列的洞，散發深橙黃色的光線。到處都裝飾著電線和電纜之網。

那個蜂巢裡有一群忙個不停的藍衣工人。很難跟上他們的速度。一人把一支長桿子插進洞裡，挑出一團融化的玻璃。一時間，他的這根桿子末端似乎有顆太陽。他俐落一動，就在他同事身邊旋轉那團玻璃（也太靠近了），而同事專注地看著玻璃流入厚重的金屬模中。他壓壓了模子，然後拉出瓶頸。他碰一聲關上模子，傳來氣流噴射的聲音，瓶子就這麼形成了，取出的瓶子這時呈透明。瓶子用火鉗夾起，仔細檢視。花了15秒。這時隔壁的玻璃團也在路上了。

不同的團隊以此為中心，插入長桿、挑起、轉動、入模、合起、注入。清澈、暗淡的灰、深紅、藍色。精緻的細絲在旋轉中成形，在冷卻的同時斷裂、粉碎。一個瓶子被退貨，丟進廢料桶，應聲破碎。原始、灼熱、強烈又有點嚇人。熔爐中永恆的落日照亮了所有人的臉。人人全神貫注。我大汗淋漓。

一個團隊離開一個開口。「我們得清空這個，然後從頭開始。」一個老傢伙緩緩走過去，他拿著一只放玻璃的廢料桶，還有一根長桿，末端有個上端開口的金屬盒。他往窯裡挖，扒出滲流的玻璃塊。他似乎在空氣中劃出一道道橙光。整個過程讓人看得出神。

「那些瓶子……」酒井微笑著開口。是啊，

製作玻璃時，細心、精準與速度不可或缺。

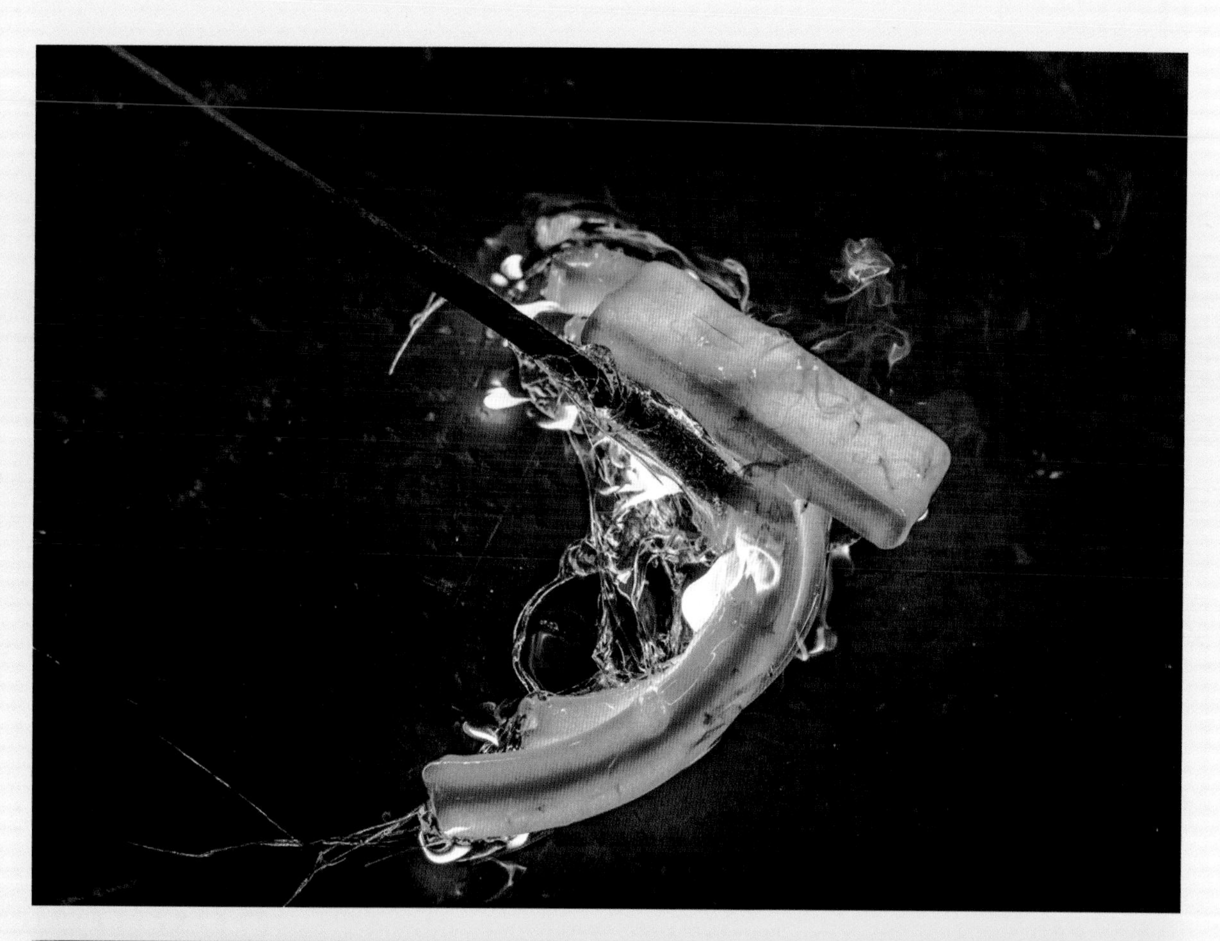

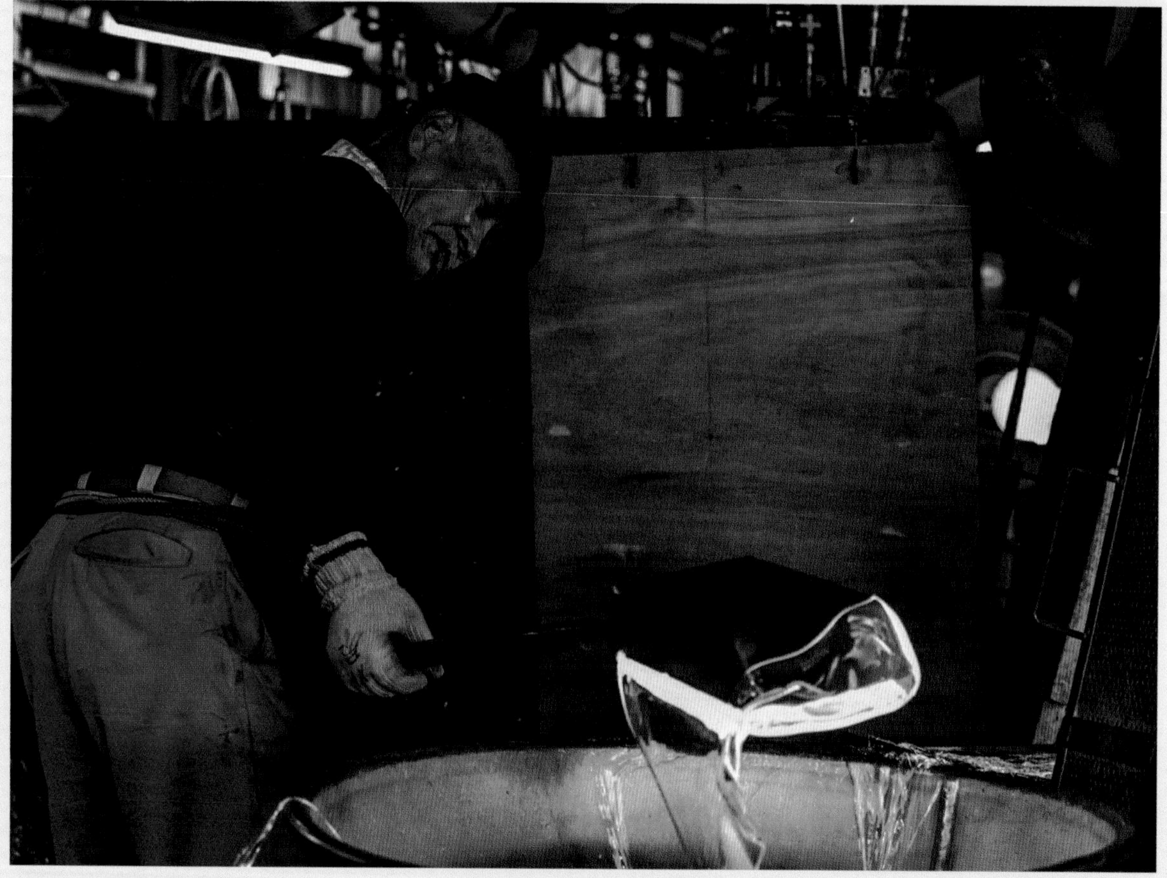

那些瓶子。沒有直接被退貨的瓶子放到一個冰冷的輸送帶上冷卻。「我們到另一頭去。」很難離開這個位置。工人注視著烈日，被他們的成果照得睜不開眼。

輸送帶的另一端溫度低多了。瓶子冷卻兩小時之後，可以拿起來檢查了。一個放到一旁。酒井拿起來。「有瑕疵。」我看了看，覺得完美無瑕。他指著說：「那裡。現在看到了嗎？」有個小到不能再小的點。「我們容忍的最大點是0.5公釐。」他微笑了。「我們比別人嚴格。」

我們走過模子和舊瓶、著名酒瓶的架子。我拿起一個山崎50年的空瓶。「日本人喜歡裡面裝著特級酒，所以外面也要是特級。我們必須兢兢業業。」

別誤會了——這是工藝。設計師坐在樓下的一個小房間裡，正在打磨玻璃瓶的瓶塞，使之吻合。「他很厲害，不過像他這樣的職人愈來愈難找了。」又是同樣的副歌。那麼為何要堅持這個過程呢？「我們一天可以做出800個瓶子。自動化當然可以做更多，但是由一個人親手製作，非常特別。」

訂購紀錄本上寫得滿滿的。他認為這種工藝的發展如何？酒井說：「這對我是個新挑戰。玻璃並不是大阪的特產。日本的玻璃工匠一向依賴機器。歐洲不一樣。那裡的玻璃有風格、有態度。我敬佩歐洲的技術和創造力，因為他們有歷史。我們還沒到那個地步。」他停頓一下。「但不該為自己設限。」

我回想最初的製陶師把自己的作品和韓國更精製的貨品做比較，或鳥井和竹鶴怎麼看待他們最初的威士忌。敬佩不同的傳統、調整，使之成為自己的傳統。這裡也可能發生同樣的事。

酒井硝子正在清空一座熔爐（左頁）。公司總裁酒井浩太郎專注旁觀（上圖）。

大阪

管理團隊在入口集合，和我們揮手道別（或是確認我們已經離開廠區）。我們餓了。我又錯過了早餐。我們好好討論一番。武耕平說：「我知道一個地方。」當然了。大阪的重點就是食物，而武耕平可以在最不可能的地方找到最美味的食物。你或許會去東京或京都吃晚餐。但在大阪，你來就是為了吃。這是日本靈魂食物的天下。

我們的午餐選了御好燒（okonomiyaki），這正是個完美的例子。這樣的龐大煎餅，誰不愛呢？蛋打散，加上麵粉和高湯，拌入高麗菜絲以及，嗯，你想加什麼就加什麼（這正是菜名的由來—— 御好的意思是「按你的喜好」；燒就是「烤」），然後淋上特製的褐色醬料。這和懷石料理實在天差地遠。

不過即使在這裡，季節和地區的概念也起了作用。武耕平告訴我們，青蔥的產季剛到，所以現在去吃蔥燒（negiyaki）正好，蔥正是蔥燒的主要（其實是唯一）配料。我們吃了好幾個。

我們坐著區間車回到市中心時，勇貴說：「我知道我們該去哪裡。Samboa。」這間酒吧位在一棟哥德風的古怪建築裡，1918年開始營業，在1947年搬到現址。Samboa有股老式酒館的感覺—— 天花板很高，桌椅不多，吧檯很長。威士忌的種類不豐。反正用不著。在Samboa只有一種飲料可以點，而且幾秒就能完成。

一個冰涼的高杯，60毫升的冰凍角瓶，一小瓶蘇打水、扭轉檸檬皮。不加冰。轟！就這樣。這是Samboa的高球威士忌。

轉眼杯子就空了。速度太快，得緩一緩。我注意到沒用任何手法—— 在日本調酒師一絲不苟

的世界裡，這可不尋常。調酒師說：「注意玻璃杯」靠近基部的地方有個凹口。好吧，沒那麼靠近基部。這是很得體的飲料。「威士忌要倒到這裡。看到嗎？」轟。又出現三杯。人生已經比較美滿了。我可以在這裡待整晚。我懷疑有些人確實會待下來，但我們必須去飯店辦理入住。武耕平說：「然後吃更多東西！」

你需要食物才能應付大阪。這個城市的居民靠著友善迫使你屈服。這是典型的第二線城市，罹患這種症狀的城市還有格拉斯哥、伯明罕、波士頓、里昂等等；這些地方時常籠罩在著名鄰近城市的陰影中，因此急於格外殷勤招待你，以證明自己。

你在這裡總是被轉移話題。一個晚上精心計畫要造訪四間酒吧，結果去了八間，因為每個調酒師都會建議「順路」的其他地方，然後加入我們。一開始只有我們兩個。那晚最後，我們14個人在城另一端的Rogin’s Tavern，喝著禁酒時代前的波本酒。

那裡是Augusta、Basara、K、Elixir和Royal Mile這類酒吧的所在，也是在我追尋水楢木香氣的過程中，首次一窺製香奧妙的地方。任何事都可能發生。

武耕平和山崎談過了。答案是「真正的大阪」，於是我們走去新世界（Shinsekai），那裡是大阪市一度閃耀的「紐約」區，現在的名聲比較糟糕—— 不過我有點愛紐約糟糕的時候。那是去吃串炸的好地方—— 炸了麵糊，裹上麵包粉，酥炸的肉串和蔬菜沾進深色的厚重甜醬料中。另一杯半品脫的馬克杯裝著一份高球威士忌，結起霧氣朝我而來，這時武耕平說：「只能沾一次！」

檯邊的一些傢伙喊道：「歡迎光臨大阪！只能沾一次！」

又一輪食物。有高麗菜絲幫助消化。

一些學生剛剛坐到我們旁邊，問道：「你從哪裡來的？蘇格蘭？歡迎來到日本！歡迎來到大阪！」他們看看我的盤子。「只能沾一次！」杯子相碰，高球威士忌濺到我的牛仔褲上。

大阪的菜單上有螃蟹和御好燒（左頁與上圖）。

我們跑遍大阪吃晚餐、暢飲。時間漸漸晚了。武耕平瞥見一間餐廳，說：「最後一碗！」然後加上他最愛的臺詞：「你一定得試試。」我們坐在檯邊。主廚站在一桶濃稠、迅速翻騰的液體旁。「你知道日式高湯嗎？這鍋已經燉了175年了。」這鍋陳釀的湯中加進了白蘿蔔串、蛋、蔬菜和一些肉。深夜、脹死人的食物。我們漫步回去的路上經過龐大會動的螃蟹和野蠻的科幻生物，河豚在我們頭上膨起。處處是霓虹燈和喧囂。

日本一向有這一面。既有茶道，也有一個五光十色的娛樂世界，既有「能」劇，也有歌舞伎，既有安靜的威士忌酒吧，也有喧鬧的酒館。而威士忌並存於這兩個世界。這是不得不然。讓人享樂，也讓人沉思。不論品質或名聲如何，威士忌的功能性終究都像上好的茶杯，不過是茶的容器，或像刀工鍛造的刀是為了切割。工藝是實用取向。其中的美是出於用途與真誠。我們將工藝推崇為高尚的藝術，反而本末倒置── 只看表面和製作者，而不看形式、功能與用途。

想了解日本威士忌，就必須探究表面之下，看到潛伏在那裡的是什麼，找出和其他工藝是否有某種程度的共同理念。展現的方式有很多可能。拿風味來說好了。

我們有一道料理，現在想要一種飲料來搭配。這道料理之所以存在，是因為氣候。夏雨帶來米飯，冷暖海流相遇，帶來豐富的魚場，而貧窮的過去助長了推崇清晰與精準的美學。這也適用於食物、紙藝、製刀、陶藝等等。成分並非隱藏起來，或難以捉摸；強調的正是成分的品質。飲料必須反映這個情況。二者都是「透明」的，但別覺得那是縹渺或纖弱的意思，反而是清晰、明確。假如發明威士忌的是日本，而蘇格蘭受到啟發想要效仿，那麼蘇格蘭的方式應該不同，因為蘇格蘭的狀況（氣候、料理、場合）都不一樣。威士忌既關乎文化，也是關乎自然。

高球威士忌和串炸（左頁左）。夜間的大阪有時顯得超現實（左頁右、上圖）。

高球威士忌

我發現我好像不管談到什麼，幾乎每次都會提到高球威士忌。為什麼我會顯得這麼執著？這個嘛，高球威士忌是很成功的飲料。很酷，令人煥然一新，剛好夠烈，喝了有感覺，但不會烈得讓你一杯就投降。這是適合開啓一個晚上，或邊吃東西邊小酌的飲料。

高球威士忌也是日本威士忌內銷市場掙脫窘境的原因。2008年，曾經一年單在日本就賣出2億2500萬瓶的產業，卻只賣出500萬瓶。蒸餾廠有的關了門，有的塵封，其餘變成短期運作；因此造成今日庫存短缺的情況。

我造訪Zoetrope（見94頁）的經驗告訴我，蒸餾廠會嘗試各種方式刺激市場，通常是讓日本威士忌嚐起來像別的東西，或不像任何東西。所有嘗試都失敗了。在專門酒吧或許可以找到天底下所有的威士忌，不過在居酒屋，你要很幸運才會看到他們端出一杯威士忌。啤酒當然有，燒酎是絕對有。

還能嘗試哪些事呢。三得利酒類公司（Suntory Liquors）的經理水谷徹（Tetsu Mizutani，也就是該公司的「威士忌先生」）賭了一把。他的團隊提出報告，在這片排斥威士忌的沙漠中有兩個威士忌熱點。一個是Samboa集團，而另一個是東京新橋站附近的Rockfish酒吧，那裡一天賣出一箱角瓶。兩間酒吧都在賣高球威士忌——雙份的冰威士忌、冰酒杯、一瓶冰蘇打，要的話可以加上扭轉檸檬皮。

水谷和日本的500間居酒屋簽約，推廣「角嗨」（Kaku Highball）。不到18個月，就有10萬間居酒屋加入這個活動。當時他說：「我們已經試過許多其他策略。威士忌不受歡迎的最大原因是，我們失去了大家可以享受威士忌的地方。人們不在晚餐後喝威士忌，或在用餐後去第二間酒吧。他們只待在一間居酒屋，在用餐時喝酒。於是我們決定想試試看讓他們在居酒屋喝威士忌。」不再針對上班族，而是更年輕的飲用者。

市場成長了。其他所有的蒸餾廠都加入戰局。高球威士忌直接從桶裡倒出、預先調配，或是從三得利的專利分酒機「高球柱」（Hiball Tower）裡流出。這是平等的飲料——在路邊小餐館、回家的火車或高檔酒吧都能喝。多年痛苦的解答是少許的蘇打。為什麼？因為這樣行得通。飲料、場合、服務。其實很簡單。

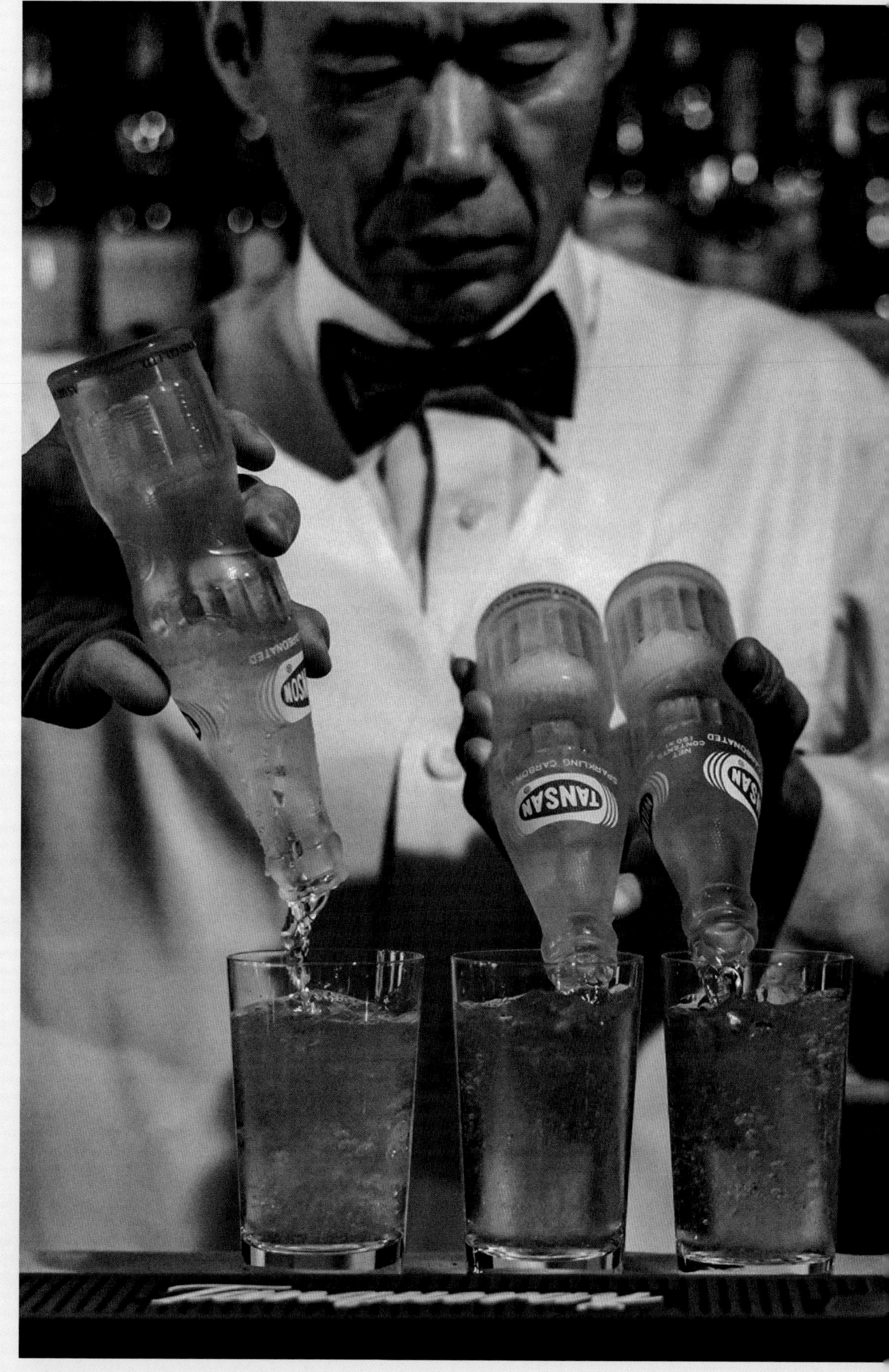

三份 Samboa 風的高球威士忌。

調和威士忌

今日的世界中，「威士忌」成了「單一麥芽威士忌」的簡稱，不過大部分的威士忌都以調和威士忌的形式販售（這裡的調和是指混合麥芽和穀物威士忌）。這是蘇格蘭威士忌的根基，日本則遵循同樣的路線。別忘了，日本的第一個單一麥芽威士忌品牌「山崎」是在1984年推出，當時山崎蒸餾廠已經生產了60年。調和有助於產量。

日本的威士忌熱潮是受調和威士忌驅策，最初是1937年三得利的角瓶。該公司在1949年推出托力斯調和威士忌時，為工人階級的飲用者開啓一扇大門，並且催生了高達1500家連鎖酒吧，以及日本的第一個威士忌代表人物，「托力叔叔」（Uncle Tory）。1950和1960年代，兩大公司打算特級化，Nikka推出黑標（Nikka Black）、Gold & Gold以及超級日果（Super Nikka）；三得利則推出老的（Old）、洛雅（Royal，在1980年代成為全球最暢銷的調和威士忌），並在1989年推出「響」。加上麒麟、Ocean，以及其他公司推出的一些往往顯得可疑的作品推波助瀾，看得出那時候的「威士忌」是指「調和威士忌」。

缺點是這種威士忌變得無所不在。或許單一麥芽還比較容易解釋。喝的人可以看到那個地方，甚至可以拜訪那裡，加深印象。但調和威士忌呢？是在……某個地方，由……某些人做的。大蕭條時期，調和威士忌代表的是便宜、老式的酒。不論許多威士忌有多棒，為了賣酒而衝向底端的過程中，倒楣的是調和威士忌，而單一麥芽威士忌終於不受汙染地衝到巔峰——雖然那些單一麥芽威士忌，本身也是調和一個蒸餾廠中不同蒸餾液和桶型而得到的成果。

製作單一麥芽威士忌的，和製作調和威士忌的是同一批人，而他們對工作一樣投入。調和師主導風格，維持庫存，創造新的風格。三得利的首席調和師福與伸二指出，調和師是風味大師，必須意識到市場的變動，隨著改變風格。

「如果我們維持同樣的品質10到15年，消費者會說調和威士忌變差了，因為他們自己變了。今日的角瓶和十年前的完全不同，因為當時角瓶的喝法是水割，而現在是高球威士忌。維持品質很重要，但在製程、酒桶管理與維持品牌品質的理念

上，改善品質更重要（又是改善法在作用）。

「威士忌是隨機的。威士忌永遠在變。我們不會固守某種『配方』，因為威士忌這個元素永遠會改變。每次的每一款調和都是新的。」接納際遇，調配風味來配合時間的流逝和期待的改變，要不斷進步。

不過調和威士忌如何改變今天的單一麥芽威士忌飲用者呢？Nikka在東京的Blender's Bar讓人坐下來，用不同的成分來調和你自己的威士忌，是個創新的方式。其他地方則和全球調酒世界的關係比較緊密——三得利的Toki和Hibiki Harmony都特別針對這個族群，而Nikka的「原桶直出」（From The Barrel）則不只和即飲通路密切合作，也為了吸引麥芽威士忌飲用者而推出特製酒款。

幫手可能來自意想不到的地方。穀物威士忌不再被視為單一麥芽的摻和物，而是本身有複雜度的一種威士忌風格。Nikka有兩支，御殿場有三支，還有三得利的知多，都提供了新的威士忌特質。既然穀物威士忌不是「問題」，那麼或許調和威士忌也值得注意。

伸二說的那種隨機還有另一個要素。如果永遠相同，那麼電腦也可以做出調和威士忌。但事實不然。威士忌必須受了解、受約束。需要有個調和師了解季節與木桶的怪癖，才能讓成品與眾不同。調和師是隨機與控制之間的介面。

品飲筆記

1930年代開啓這整個形勢的品牌是**角瓶**（Kakubin，酒精度40%）。其實可以說，高球威士忌再次受到關注時，是角瓶這個品牌讓威士忌起死回生。角瓶是調和威士忌，做成水割或高球威士忌的表現最好。聞起來有香蕉和口香膠味，以及一絲鮮奶油和肥厚的穀物味。口感比較不甜，尾韻有隱約的刺激感。

三得利最近針對調酒／雞尾酒市場推出其他兩個品牌。**Toki**（酒精度43%）有杏桃乾、柑橘皮和多汁穀物的風味，口感有乳脂感、鳳梨與桃子，加水之後擴展成類似鮮味的的美味。

調和威士忌是日本威士忌的根基。

Hibiki Harmony（酒精度43%）比較嚴肅，紅色水果—櫻桃、蔓越莓，後面泛著一絲香的味道。在口中顯得甜美而圓潤，充滿各種莓果和櫻花的元素。高調、清澈。

酒款中也包括一支**12年**（12-year-old，酒精度43%），一開始是辛香料、芒果和鳳梨，之後由香草為主的溫和口感，引導到梅酒桶造成的意外尖酸尾韻，喚醒口腔。**17年**（17-year-old，酒精度43%）充滿柑橘油、可可味，果香深厚，嚐得出淡淡的的雪莉桶和水楢木桶。十分融合。**35年**（35-year-old，酒精度47%）是限量款（而且不便宜），水楢木比較明顯，還有霉腐的蠟味。那是旅館的味道混合了蘋果糖漿、黑莓與乾燥果皮，有平衡的收斂感。

麒麟的富士山麓（Kirin's Fuji-Sanroku，酒精度50%）不意外地以穀物主導，那種鮮味元素帶來口感。聞起來有發黑香蕉、果仁糖和黑櫻桃酒的成熟香調，百合和風鈴草的香味在口中爆炸。是悠長、優雅的調和威士忌。

Nikka的主打是**超級日果**（Super Nikka，酒精度43%），雖然在外銷市場比較罕見，但我認為那是日本最美味的一支調酒。香醇而甜美，香草味豐沛，有一點太妃糖和宮城峽風格那種比較甜的果香。

全球的酒吧或許都比較熟悉濃厚的**Nikka原桶直出**（酒精度51.4%），這支調和威士忌和超級日果恰恰相反。原桶直出是以濃厚為主—覆盆莓、黑醋栗和加水釋出的煙燻味，以及一點礦物質的刺激感，最後果香衝回來，尾韻加上甜葡萄乾的特質。並不含蓄，但很美妙。

比較新的是**Nikka 12年**（Nikka 12-year-old，酒精度43%），特質回歸宮城峽的主軸。蜂蜜味比超級日果更重，有輕淡的桂皮香調，以及清脆的蘋果、剛割過的草地、粉紅葡萄柚和意外厚重的花香元素。口感厚重而溫和，有非常隱約的煙燻味。

三位不同領域的技藝大師，左頁下圖起順時針方向分別為：Nikka的佐久間正（Tadashi Sakuma）、三得利的福與伸二、麒麟的田中城太。

香

我追尋水楢木香氣奧祕的過程中，嗅過威士忌，然後是寺院，最後是（搭著大貓熊幸福列車，我沒蓋你）造訪日本最古老的製香舖梅榮堂（Baie-ido），他們在大阪附近堺市（Sakai City）的店面已經經營了16代，主要是替寺院製香。

水楢木的「寺院味道」和香之間的關連在於橡木與受真菌感染的沉香（*Aquilaria allagochea*，日文發音是jinko）有同樣的分子，自從公元538年佛教傳來日本之後，沉香木就是寺院用香的主要成分。

香有六級，最高級是伽羅（kyara），最低級是佐曽羅（sasora）。這些香都有極為複雜、揮之不去的香氣，結合了各種木頭和樹脂、花朵、零陵香豆、雪茄、果乾和皮革的氣味。而且昂貴至極。一克的伽羅香要價2萬日元。

我為了沉香而去那裡，卻發現梅榮堂的每樣產品都調和了20種不同的成分，包括檀香、雪松、乳香、雄黃、安息香脂、廣霍香、丁香、肉桂、菖蒲根、白松香脂、龍涎香和淡菜殼。成分中大多有梅榮堂招牌的龍腦香。

所有材料磨成粉，按香味調製，加水混合成糊狀，然後從看似製麵機的機器中擠出。香可以計算時間，所以一枝香的長度很重要。小枝的香可以燒半小時——「打坐的時間」。

接著香柱在閣樓風乾3、4天，然後分類、打包、熟成六個月。既像雪茄工廠，又像威士忌實驗室。需要了解香氣、調和，要重視個別性、一致性、天然成分以及這些成分帶來的挑戰。

這是個令人著迷的世界，幽暗地擠在偏僻的巷弄裡，每個平面上都覆蓋著歲月的芬芳塵埃。那也是我們腦中的偏僻巷弄——芳香木料和樹脂香氣運用了共有的潛意識。或許製香是高級嗅覺藝術的先驅。

對於公司總裁中田信浩（Nobuhiro Nakata）來說，香可以甜如蜜，酸如青梅，辣如辛香料，鹹如鹽水浸過的海帶在火上烤，苦如草藥。不過這行業在改變了。他告訴我：「我們仍然製造傳統的香，不過那是從前的味道；我們必須創新。年輕人要的是淡淡的香氣——咖啡或綠茶，而不是他們祖母家的味道。」更多的連結。更多的回響。

每間寺院都散發著沉香的香氣。

白橡木
White Oak

江井ヶ嶋酒造

從大阪到明石

又下雨了，我們三個坐上大阪向西開往明石的列車。沒吃早餐；這已經成了慣例。不過還有時間把我們自己和行李擠進明石車站餐館的小桌旁，胡亂吃個鬆軟香甜的三明治。雨勢加倍大了。計程車排班區開始淹水。不見海的蹤影，不過我們可能正開過海中。雨勢滂沱，我感覺到武耕平的備用計畫也快用完了。這種天氣甚至能考驗聖人的耐性。

我們開離大路時，雨終於開始變小。即使這樣的陰沉日子，在接近海洋時也有那種天光開闊的感覺。計程車司機說：「就在這附近。大概吧。」路邊有一排低矮的建築，木板燒焦，染得又黑又褐。我們繞過一個無人的庭院，然後瞥見對面的現代建築掛著「白橡木蒸餾廠」的招牌。

這間蒸餾廠罕為人知，謠言不斷，威士忌時常突然出現又消失。

來到室內，我們把會客室變成一個行李堆放區。坐位低矮舒適。茶送來了，一個高大而頭髮灰白稀疏的男人有點心不在焉地走進來。他自我介紹，說他是平石幹郎（Mikio Hiraishi），他家族1888年開始經營這個地方。

白橡木的牌子（江井島）。

大歳四番倉
とし
明治二十九年(一八九六年)竣工

白橡木

平石幹郎一開始有點沈默，但很快就變得暢所欲言。平石說：「江井島在江戶時代以清酒聞名。五位釀酒師一同建立這間公司，這在當時很不常見。開始這一切的，是精力充沛、充滿活力的人。我想現在我們可以說他是創業資本家。」他露出招牌的燦爛微笑。後來才知道，他說的是他的外曾祖父，卜部兵吉（Urabe Yokichi）。

「總之，有五年的時間，這裡釀的清酒名列日本十大好酒。然後1919年，我們開始生產其他東西（比方說燒酎），從此開始推出烈酒系列。」其中有個熟悉的主題——經驗豐富的生產者看到某個市場逐漸形成，就會開始進行產品多樣化。1919年，選擇威士忌應該是很合理的一條路。

他承認：「我其實不確定威士忌蒸餾是什麼時候開始的。至少1964年奧運時一定有在做。」不過不是1919年就發放了威士忌執照嗎？「沒錯——」又是那個微笑。「——我們有執照，不過據我所知，我們沒有自己製作。但我們有威士忌品牌；我們採購烈酒，在這裡調和。執照的日期確實表示我們理論上是第一間威士忌蒸餾廠。」不過他沒堅持這裡是日本威士忌的發源地。就像岩井在攝津酒造受阻的計畫（見42頁），令人忍不住想，如果當初不是這樣的話？

很容易覺得白橡木是半調子的日本威士忌（雖然其實不是）：他們只在要的時候才製作，做做停停，一直不大為理想奮鬥（威士忌愛好者有時可能顯得有點基本教義派）。我比較喜歡把他們想成務實的人。平石繼續說：「你很清楚曾經有一段時間威士忌很難賣。威士忌的品質不受認可，大家也不想買，於是我們就停產了。」

蒸餾廠在1984年升級，但那恐怕不是開始冒險做威士忌的理想時機。總要量力而為。不過既然有風潮，表示他們現在做更多威士忌了？

白橡木是日本第一間取得威士忌生產執照的酒廠。

「現在我們這裡不再做燒酎，只做清酒和威士忌了。喔，還有梅酒。」幾乎可以想像他列舉事情時，在腦中扳著手指的模樣。「還有葡萄酒。我們在山梨靠近白州那裡有一間葡萄酒廠。喔，也做一點味醂。」

所以威士忌現在比較重要了嗎？他把手臂在胸前交叉，哈哈笑了。「總是要看時機和歷史，不過現在呢？當然。我想現在推動大眾認識威士忌的力度較大，所以對公司比較重要了，所以，對，我們做得比較多了，不過是慢慢增加！」總覺得這邊什麼事永遠都是慢慢發生。

老蒸餾器在室外；這是日本蒸餾廠的習慣。這些蒸餾器是小型、口袋版的罐式蒸餾器，平石解釋道：「從1964年開始。」你們從前的風格是什麼？他晃著身體，只是沒笑出來：「不知道！我不確定以前是什麼情況。」

從蒸餾器看來，應該頗為厚重。

酒廠裡，一切開始得很傳統。有一架現代的布勒（Bühler）研磨機，大麥來自波特哥敦（Portgordon）的發麥廠Crisp，一袋1000公斤，輕泥煤，但接下來事情就怪了。你明白那是好的怪，但確實是怪。

我們進入一個夾層的樓層，面前是兩個槽。一個看起來是糖化槽，但其實不是。另一個看起來是個收料槽，卻是糖化槽。原來第一個槽是讓糖化作用開始發生的地方，接著送到第二個槽，在那裡沉澱、過濾。我問平石，為什麼要這樣處理？他答道：「反正事情就這樣了。我們沒有幫手，也沒有資訊，一開始就是這麼做的。」

還有另一個槽有水傾洩下來，淹到下方的地板上。原來這是白橡木自己培養酵母的地方。水是用來控制槽中的溫度。麥汁（是清澈的）和酵母接著打進其中一座發酵槽（共四座），發酵三到五天。

蒸餾器小而有稜有角，看似簡單，不過烈酒收集自擺在地上的烈酒蒸餾器（我第一次看到這樣），而收集到的新酒酒精度非常低——只有55-60%。

產量仍然少得很，每年只有4萬8000公升，不過持續增加。下面擺的兩排木桶證實了他們有新的工作重點—— 新的波本桶和一些新的220公升雪莉桶，在日本箍桶。倉庫裡的種類更多樣—— 二次裝填美國橡木桶、舊雪莉桶、重新炙烤的燒酎桶。干邑白蘭地、龍舌蘭酒桶。最令人興奮的是另一種日本原生枹櫟（小楢〔konara〕，學名*Quercus serrata*）做的一個木桶，用來嘗試「過桶」；2013年曾推出15年款。

低度酒在烈酒蒸餾器中沸騰（左頁）。白橡木的威士忌產量逐漸增加（下圖）。

我們走過去品飲目前的裝瓶。由於生產和庫存量有限（目前最老

神鷹酒蔵

的酒齡8年），這些勉強以少量、小瓶裝釋出，主要是單一麥芽威士忌（時常售罄），但也曾推出過調和威士忌，包括一款加入糖蜜烈酒而有點爭議性的（因為依據歐盟規定不可稱為「威士忌」）。全都迅速售罄。

我問平石先生，他的十年計畫是什麼。「我會想專攻單一麥芽，因為那可以代表我們做的威士忌，但我們必須建立庫存。這對我們來說是個很大的改變。1989年之前，這裡全都是二級威士忌。我們正在尋找自己的路。」他又露出微笑。「你之前問我『日本特質』的事。我不大確定我能不能回答。

「知道嗎，我們有燒酎和清酒的歷史，但沒有威士忌的歷史。我們和其他蒸餾廠仍然沒有真正的交流，所以有這種從錯誤中學習的元素。別忘了，我們開始的時候一點概念都沒有！」他又哈哈笑了。坦白的態度令人耳目一新。

白橡木有種即興的氣氛。因為高興，所以用自己的方式做事。雖然現在和秩父與本坊開啟了對話，但感覺這種方式不會改變多少。

戶外的雨停了，再度瀰漫著海的氣息。我問，海有任何影響嗎？他答道：「當然有。東西會生鏽！」我們走向酒藏（kura，釀清酒的地方），護牆板是紋理驚人的木材，經過平石先生外曾祖父的雕像。「做清酒，必須受過啤酒的訓練。威士忌也類似，不過做起來比較簡單！如果你受過良好的訓練，擅於釀造清酒，就能做威士忌。」

平石先生是個偉大的樂觀主義者。

白橡木的清酒酒藏（下圖）。平石幹郎的家族從1888年起擁有這間公司（右頁）。

大蔵四番倉

品飲筆記

白橡木的新酒重量感中等，微帶酵母味的刺激，之後變成上揚的酯類，一些紅色水果，以及背景中一絲擦亮的黃銅味。口感純淨而甜，末尾只有一丁點煙燻味。過去產量有限，因此可以取用的不多，不過裝瓶雖然也有限，但愈來愈固定了。我造訪時喝到的兩款中，**明石3年**（Akashi three-year-old，酒精度50%）聞起來有麵包、酸麵團的香調（或許是新酒中的酵母味），還有淡淡的橡木、梨形糖、青蘋果與萊姆。口感比較草莓，尾巴有點刺激的肉豆蔻味。非常有潛力。

明石8年（Akashi eight-year-old，酒精度50%）在雪莉桶陳放，雪莉桶的影響比橡木桶明顯，有濃郁的果乾香氣（尤其是椰棗）以及一點豆腐味。雪莉桶使得口感較浮誇，不過酒體輕盈而略顯羞澀。一些雪莉桶造成的巧克力與乾烤香料風味有修飾的作用。

白橡木與海為鄰。

從明石到京都

我們搭計程車進城，可能多虧他們指點，或是武耕平眼睛很尖，所以我們最後坐到檯邊吃明石燒（akashiyaki），明石風的章魚丸子。我喜歡關西特產的章魚燒（takoyaki），這是一小口章魚塞在一口大的麵糊球中球裡，然後淋上御好燒的醬料和美乃滋，表面有柴魚片微微搖曳。其實是因為我堅持，前一晚才吃到一點。

明石有自己的版本。麵糊主要不是麵粉，而是蛋液。沒有醬料，只沾高湯。膨鬆、柔軟、溫和，只有略為彈牙。我變心了。我懇求道：「再一盤？」但我們得去京都了。

那天晚上我和一些老朋友敘舊——大衛・克羅（David Croll）和他的妻子角田範子（Noriko Kakuda）。吃過一些上好（但沒有威士忌）的懷石料理之後，我們回復原先的狀態，進城去尋找睡前酒。像這樣遊蕩是我們友誼中最主要的精神食糧。這些年來，我和克羅先生在日本的許多最出色、最隱蔽的地方喝過酒；我們一起泡過溫泉，坐過座禪，學過清酒、聊過威士忌。他現在在京都擁有一間琴酒蒸餾廠。好樣的。

他說：「我們去『坊主吧』吧。」雖然比丘經營酒吧似乎有違佛教清規，但日本各地卻有一些這類的酒吧，本能寺（Honnoji temple）旁的Bozu Bar正是其一。原來我曾經在閒臥庵（Kan-ga-an temple）的一場品飲會遇過老闆羽田高秀（Takahide Haneda，他也有一間酒吧）。佛教的變通性有時還滿大的。

不過酒吧看來確實是不尋常的違逆。羽田答道：「我大可以待在寺院裡，躲開人群。但我應該設法幫助他們、服務社會。酒吧似乎是最適合讓人來，跟我聊他們問題的地方。」他每天都講一次經，客人離開時會收到一張傳單，幫助他們延續與羽田先生的談話。

我納悶著，酒精是否一定是助人面對自己問題的最佳辦法，但我又想起，雖然這個想法在蘇格蘭或許行不通，但在日本似乎非常有效。

自然

日本很容易誘使人透過凱蒂貓那種粉紅色調的透鏡，把這裡看成一個平靜、安祥的地方，充滿櫻花和藝妓，崇敬傳統，一切緩慢、有禮，彷彿這是一個步調比較緩慢、比較溫和的世界的遺跡，自然在此受到尊崇。現實並非如此。藝妓或許存在，櫻花確實繽紛，但日本也是非常工業化的社會。日本城市吵雜且消費者導向，街上處處是纜線，夜晚被無生氣的螢光燈照亮。

這趟旅程和所有職人討論的過程中，每一次話題都會轉到自然：季節的重要性，親近自然、尊敬、反映自然、受自然啓發，使用陶土、桑樹、水、大麥、木材等等的自然產物。他們遵照俳句詩人松尾芭蕉（Basho）的建議：「藝術家的第一課是學著依循自然、和自然合而為一……了解松樹……親近松樹。」

不過也有例外。日本的自然受到馴服、抹滅、不准靠近。我在知多看過這個情況，但我知道知多是個工業區，所以不大意外。可是在白橡木更讓人強烈地意識到這個情況。我和武耕平預期的浪漫現場照（蒸餾廠、海灘、大海，與其他位於林地中的蒸餾廠照片做出對比）根本不可得。大海被阻擋在外。海灘是一片水泥。

我經過了震後的東北，看到那裡的城鎮被夷為一堆堆碎木頭，所以明白需要防範海嘯。汽車遺棄在一棟公寓上，一艘漁船擱淺在大街上，隨處可見一灘灘惡臭、油膩的水、倒塌的房舍，破窗簾在微風中拍動。然而目前的水泥消波塊這個神奇解藥並不能解決問題。

包覆海岸的做法很早就開始了。這是日本戰後政府的計畫，期待激進地改變日本的命運，但使日本環境受到嚴重破壞，不過這樣的做法已經持續了數百年，這一次只是變本加厲，目的就是擊退危險、不可預測的荒野。

白根治夫在《日本與四季文化》中寫道：「（在日本）與自然和諧共處，並不是發自對原生自然與生俱來的親近感……而是和次生自然關係密切的結果。」思考一下 —— 詩、茶道、花道、園藝、在城市街道修剪樹木。一切都關乎自

然要有條理、規規矩矩、被人擺弄成更理想、更純淨的擬仿物（simulacrum）。

阿圖羅・錫爾弗（Arturo Silver）在〈巨大的鏡子〉（The Great Mirror，收錄於《唐納瑞奇讀本》）中寫道：「日本對自然的態度是自然必須重塑，一言以蔽之，『我們的自然是藝術，感受它既有的模樣，然後加以重塑。』」日本尊崇自然的表相，其實是尊崇完美得不可思議、被馴服的自然。一種間接的關係。

日本從1946年至今已建造了1000座水壩，而如今日本的102條主要河流中，只有2條沒有水壩。大多都淤塞了。水壩雖然沒必要，但新的水壩仍在建造，而公共建設內部的腐化，會強行排除任何反對意見，但反對的聲音也不多。1997年，《新科學人》（New Scientist）雜誌報導，日本142條大河中，只有3條仍然維持天然河岸。大部分的河床都鋪上水泥以防止泛濫，但鋪設水泥會加速水流，其實反倒助長泛濫。而超過60%的海岸線已被開墾。計畫造林和僅存的原始林之間戰爭不斷。

環境惡化的情景隨處可見，造成嚴重的物種消失與棲地流失問題。自然被縮限在庭園和公園裡。水泥覆蓋了一切。

荒野很重要，不只是為了生物多樣性，也有心理上的因素。我們需要那種混亂與隨機，需要有地方迷失自己。這樣能讓我們看到人生無法預測，不是線性的，而是困惑、混亂、充滿死路和新的景色。有既定做法很重要，但唯有接納我們需要偶然——願意離開安全的公路，看看那裡還有什麼，才可能有靈感與創新。

工藝與這一點密不可分，因為工藝和自然的過程緊密相連；然而這種荒野的思維正面臨危機。所有威士忌製造者都提到一些問題，例如失去興致、缺乏新血。他們的地位就像日本的環境一樣岌岌可危。

日本的海岸線包覆在水泥中。

回到京都

今天的行程只排了下午去參訪清課堂（Seikado），所以武耕平決定去西京區參觀松尾大社（Matsunoo shrine）。他早已不再是「攝影人員」，現在成了嚮導、知己、我要試探一些比較荒誕、笨拙的念頭時的諮詢者，以及朋友。他一開始就明白這個瘋狂的追尋，現在在結局時成了同夥—— 不論結局會帶我們往哪裡去。

我們三人看著一個小男孩在大殿拉動粗重的繩子，試圖搖響巨大的鈴鐺。我們來這裡，是因為這不只是大社，也是釀酒師在稻米收成與清酒釀造的每個過程中會來祈禱的地方（沒有威士忌蒸餾師專用的神社；威士忌太晚登場，所以蒸餾師通常是去清酒的神社）。此外，這裡還有1975年重森三玲（Mirei Shigemori）設計的一系列別出心裁的庭園，就遵照我對荒野和次生自然的責怪，把整個場地搬回到山上。

傳說松尾大社建立於701年，當時當地的藩主看到一隻烏龜（象徵長壽）在一座泉水裡喝水。不過對那些岩石、瀑布和水的崇拜可能在那之前就有了。好水表示有好健康，是釀造清酒、製作味噌與農業的優質原料。這座神社多少是歷史的縮影；庭園古老野性，岩石宛如山頭；有一條水流平緩的小溪在岩石和杜鵑花之間蜿蜒，代表平安時代（794–1185）極致的優雅與創意。此外還有一座鳳凰形的水池，某種意義上代表1926-1989年的昭和時代，池中巨石旁有一座象徵歲月和永恆青春的噴泉。

比較吸引我的是，有一條小徑從這個控制下的環境，通過鳥居，進入樹林和山邊。小徑最後來到瀑布旁，據說那隻烏龜從前就住在瀑布下。石燈籠上覆蓋著厚重的青苔。林間烏鴉啼鳴，樹皮上的縫隙冒出迷你蕈菇。這地方有一種存在感，不是過度宗教性的存在感—— 據我所知，神道教一向避免過度的宗教性。只是存在於此，是某種精靈、神祇，支持著生命，發出聽不見的嗡嗡聲，確保一切繼續運作。這裡似乎是個特別的地方，元素在此結合成正確的平衡。是一種重新校正。

我們回到市區，和大衛與範子見面，去赴清課堂的約。

松尾大社的蜿蜒溪水。

錫藝

我全心信賴克羅先生。我更信任範子，因此她說她找到的一間錫藝工坊符合我的工藝要求時，我很樂於造訪，只是不大確定會見識到什麼。英國沒有多少錫器，只會在陳舊的老酒吧看到陳舊的老啤酒杯。錫器的時代似乎已經過去了。

清課堂位在京都市中心的寺町通（Teramachi-dori），是這個地區的中心，它所在的城市以保存傳統日本最優雅事物為傲，而這個地區似乎也完全投入同樣的目標。我們經過老舊的書店，一間竹藝工坊，一些賣藝道用具的商店。我買木板畫的西春（Nishiharu）也在這條街上，而京都最著名的蕎麥麵屋「河道屋」（Kawamichi-ya）就在一條街外；京都最高級的旅館—— 優雅至極的柊家（Hiiragiya）也在這裡。如果鄰居都是這樣，這裡想必也不簡單。

進門的時候，整間店都閃閃發光。有精緻的瓶子和水杯、碗、茶罐和花瓶。老闆山中源兵衛（Genpei Yamanaka）從後面房間出來。他很年輕，剃光頭，目光銳利，穿著寬鬆的工作服。這家公司在180年前就建立在現址，傳到他是第七代。

山中解釋道，錫器是在6-8世紀從中國傳到日本，直到1867年的德川幕府末年，都是給有錢人用的。「我們大約在這個過渡期開始發展，所以產品一向多元—— 從神社和寺院用品到茶道和清酒器具，應有盡有。

「錫器傳統上用來溫清酒。雖然酒是酸的，但錫不會生鏽，所以比其他金屬適合。錫也能讓清酒更香醇。每種金屬都有自己的氣味，尤其是溫熱的時候，而錫的氣味和溫熱的清酒很搭。」

我通常不覺得金屬有氣味，但接著我記起有些老蘇格蘭威士忌有那種悶悶的、帶苦的氣味，讓人想起舊銅幣，還有鋼的礦物質刺激。或許那些老傢伙選擇用錫馬克杯裝他們的淡啤酒是因為錫的品質，而不是因為便宜。我決定試試錫器是否也適合威士忌。

錫的優點是可塑性非常高。錫熔點低，所以器皿可以用鑄模，或像這裡一樣用鍛造的。錫也

有一種罕見的特性—— 兩邊邊緣錘打在一起會「銲合」。

山中蹲到一棵充當工作檯的樹樁旁，拿起一小塊三角形的錫。「你瞧。你可以用鎚和棒子來塑形。錘它的時候，錫會變硬。好了。」他拿起一個圓頭的鎚。「用這可以加入不同的質感。」他錘打著，做出一個小小的月球。「好了。」又換了工具。「我可以雕刻，或是用這個——」另一個工具的末端經過點刻處理，「—— 做出這個效果。」乾淨的表面現在充滿圈圈和漣漪，彷彿水加入威士忌時的黏度效應。

他的一名學徒默默替一個清酒瓶收尾。「從開頭到結尾，要花大約四天。」山中先生說。「一個杯子要做兩、三天。」

學徒要當多久呢？「我跟我父親學了十年。」有比較年輕的人投入嗎？「我們的五個人中，有四個是20、30幾歲。另一個是70歲！」有多少像這樣的工坊？「日本嗎？日本大概有十個在做錫器。不過沒有人跟我們做法一樣。」

所以有危險嗎？他用平靜的目光注視著我。

「以日本的傳統工藝來說，錫藝的規模很小。光是在京都，就有100名陶藝師！其實我覺得陶藝有點落伍，創新得沒那麼快。」

所以改變是必需的了？

「非改變不可。我們必須大幅變更我們的經營方式。以前只透過批發商來販賣，後來是百貨公司。現在只有這間商店，還有線上購物。這樣我能針對特定的市場，獲利也比較多。」

那樣的改變困難嗎？

「是有抱怨的聲音，不過在商業上是合理的考量。我們必須改變—— 設計也必須改變。顧客的品味變得更快，所以產品循環也更快了。我們必須達到平衡，既跟上那個速度，又尊重傳統。那種紋理效果其實不是傳統的。清酒也變了；以前是溫飲，所以容器很小。現在通常是冷飲，所

山中源兵衛，錫藝的保存者。。

以我們必須重新設計酒壺。要做這個工作必須有耐心，也要願意慢慢帶領傳統前進。」

我們回店裡。中山拿起一個壺，似乎掂掂壺的重量，微微點頭。「重要的是手感。」

當然，他是對的。工藝不只是靠眼睛衡量，也是靠手，或鼻子，或味蕾—— 也可以說是靠心。工藝是實用的，因此需要有人用。愈是被邊緣化，愈疏離，未來也愈脆弱。多虧觀光與外銷，以及日本在外國的形象與名聲，日本工藝才能保留下來。

工藝存在於每個國家、每個文化。其他大量製造、執迷於新事物而使傳統技術邊緣化的地方，也有日本工匠感受到的壓力。而且這稱不上是什麼新現象。英國工藝設計師威廉・莫里斯（William Morris）在19世紀就對抗過。那麼為何現在這麼重要，又為何著眼於日本呢？之所以重要，是因為工藝能讓我們和製作的概念、自然界、關注與耐性，以及慢步調的好處維持連結。

之所以在日本很重要，是因為雖然日本對自然的觀念很疏離，但複雜度卻與身為日本人（或許在潛意識上）緊密結合。在這裡，工藝的影響超越了「單純」的製作，而創造出從字體到商店擺設，無所不在的完整美學。從店家精心包裝你買的商品，到你遞出信用卡或收取找零的方式，一切根據的都是工藝的方式。也存在於氣味、風味和口味中。

這種沉浸在那個世界的過程結束於京都，或許很恰當；隨著我每次造訪，又開啓一扇門，揭露另一個面向，我就更喜歡這個城市一點。我可以往任何方向去。最後可能遇到藝妓，聽她問起馬鈴薯的問題，或在Rocking Chair這間棒極了的酒吧啜飲調酒。你可以去一間以色列人經營的酒吧喝氧化清酒，或去Bar Quasimodo喝一位自學的果菜商調製的曼哈頓。可以把日子花在「傾聽」焚香、逛無窮無盡的寺院，或在一箱箱唱片

在錫上敲出紋理。

中挖寶。今晚可能是爵士或是禪。京都比大阪或東京內斂，但並不無聊。

「我們出去吧。」武耕平說。「我帶你去幾間酒吧。」於是我們又鑽進京都比較不為人知的區域。第一站是Bar　Bunkyu。爬上陰暗的走廊，來到一個空間，有一張擠得下12人的大桌。沒展示任何酒瓶，沒有酒單。如果點飲料，調酒師就會去後面拿出他要的酒，調製飲料，然後就把瓶子收起來。那時你已經和桌邊其他人聊開了。這非常不日本。非常、非常不京都。

還有時間去另一家。Kazu在一座小街神社對面的一棟殘破建築裡，誰也看不出頂樓沒招牌的門後是什麼。燭光在木構件上投下星辰。很像老蘇活區的地下室「俱樂部」，或是一切中產階級化之前，下東區的非法酒窟。有極簡的科技音樂和上好的威士忌。我們可以好好放鬆。Kazu開到凌晨5點。

最後一段路已經若隱若現。最後總算往北去了。

一系列錫製清酒酒器。

侘寂

說實在的，我很想完全避談侘寂這件事，我覺得太難把這個概念硬套在威士忌上。要套上拙樸似乎比較自然。但那念頭仍然一直困擾我。為什麼呢？制式的回答是「太難了」，說完吸口氣，微笑搖搖頭。我朋友真希（Maki，音譯）曾經指著閒臥庵的一棵樹。「看到樹葉是怎麼變色的嗎，那就是侘寂。」我懂了。然後又有人說出聽起來恰恰相反的話。

或許這屬於永遠無法理解的日本事物。或許其實誰也不了解。侘寂近似拙樸，不過按我的解讀，侘寂和歲月比較有關係一點，應該說時間流逝的本質，以及那種低調、謙卑、優雅的單純。這下知道了吧？一點也不簡單。

總之，我在清課堂拿著山中先生的祖父做的一只簡樸清酒壺。有一種溫和的重量感，帶有暗淡、近乎藍色的氧化層。表面坑坑凹凹的是抓握的痕跡，或是在某些久遠的夜裡飲用時摔落的結果。幾乎可以感覺到表面透出老人手上的溫度。壺的內部含著光，彷彿吸收了光線然後退開，默默坐在陰影中。我看了看武耕平。「這叫侘寂？」他點點頭。山中說：「對。他很愛這個。它有侘寂。」那你的作品呢？他微笑了。「大概再一百年吧。」

我把酒杯遞出去。他手指撫過酒杯的表面。「使用錫，表示會有凹痕，但如果是銅做的，歲月的痕跡就不會像這樣。這個有歲月的觸感、對歲月的敬意，而且喚回我祖先的記憶。」

看著這只酒杯，讓我想起《陰翳禮讚》（*Praise of Shadows*，1977）裡的詞句，那是谷崎潤一郎（Junichiro Tanizaki）對日本美學的謳歌。他寫道：「我們面對燦爛、耀眼的東西，很難自在。直到（銀的）光彩褪去，開始有種發黑、煙燻似的光澤，我們才開始享受……那是一再觸摸造成的光澤……（它的）美並不在物品本身，而是陰影的圖樣，是彼此映襯而產生的光影。」

那個酒壺就具備這種特質。

那麼，深吸一口氣，以下是我對侘寂的理解。侘寂是指藉由接納自然過程的不可預測，而欣賞粗陋與有機。就如谷崎寫的，侘寂存在於陰

影中，而且接納陰影。擁抱不落俗套的美與單純；欣賞美之中不可或缺的缺陷，因為這代表接納時間的流逝。侘寂探討的正是這一點，侘寂是看出存在於落葉或落花中的喜悅，季節之末的苦澀中仍帶有正面的特質。問題是，威士忌有這種特質嗎？

不是自然而然。不是每一款威士忌到了……比方說25年時就自動出現，而是出現在酒齡以某種方式發展的威士忌中——風味不是變得厚重或帶木質味，而是轉變成香氣純淨而深沉的東西——樹脂與新鮮水果、蜂蜜和擦亮的木頭。那些威士忌會輕輕訴說著流逝的時光。是找得到的。

我想起大阪的大街對感官的冒犯，還有日本的多功能馬桶（啊，家裡要是有個Toto牌馬桶就好了！）和對可愛的偏執，貓咖啡和大張旗鼓的廣告牌，粗俗吵雜的電子音樂和凌晨5點開門的寵物店（那些店賣迷你狗給喝醉的生意人，讓他們送給自己的女主人，那些女主人再把狗賣回給寵物店）。在這個上癮、瘋狂的樂土，侘寂何處可尋？或許藏身在那些安靜的酒吧裡，在現代生活霓虹燈照亮的岩壁構成的冥想山洞裡，在這些地方，你可以啜飲一些曖曖內含光、訴說著時間的東西。

山中先生祖父做的酒壺有種侘寂的特質。

余市

Yoichi

余市蒸溜所

從京都到札幌

我和武耕平該與勇貴道別了，而我又再次錯過早餐，衝去看了一眼天龍寺（Tenryu-ji）的石庭。青苔的光影和紋理突顯出一座座小島，島上豎立松樹；棋盤格或隱或顯。前庭裡，岩石橫臥，地上的圓形圖案宛如雨滴的漣漪，一陣陣念頭，能量波。一切既動且靜，既沉思又創造。

沒時間繼續思考。我們搭火車回京都，坐巴士到大阪，然後飛去札幌，在那裡見Nikka的梶裕惠美子（Emiko Kaji），以及首席調和師佐久間正。在飯店登記入住之後，我和武耕平在札幌棋盤格似的寬闊街道迅速地蹓躂一番，進入市政廳，尋找北海道原住民愛奴人（Ainu）存在的證明。結果一無所獲。

官方的說法是，北海道直到1870年代才有人居住。18世紀末之前幾乎沒畫進日本地圖，即使當時也只畫出南方海岸的輪廓，其餘是一片空白。那裡是蝦夷（Ezo，意思是蠻夷之邦），或比較有詩意的雁道（Kari no Michi）。

古亞細亞民族愛奴人已經在那裡住了幾千年。北海道就像白人到來之前的美國或加拿大，是日本的邊疆，移民與原住民相遇，改變了地貌，引入農作物、畜牧和牧場。移民推進，而愛奴人相信這個相互依賴的世界中，神祇、動物、植物和人平等地共享同一片土地，他們默默離開，幾乎消失在視野中。

北海道有水楢木、紫杉、檜木和雪松的原始林，富饒的海洋、貓頭鷹、丹頂鶴、熊、火山和大雪，是個充滿機會、有待利用之地。那裡和許多邊埵之地（沙漠、西部海岸、極北或極南之地）一樣，從古至今不斷吸引夢想家和無法適應社會的人。這座島面積7萬8500平方公里，人口至今只有500萬，空間遼闊，可以呼吸、思考、做夢。

那地方也是我們終於可以認識竹鶴政孝的地方，他是我們最後要見的一位日本威士忌先驅。這位年輕的化學家被派去格拉斯哥尋找威士忌的祕密，最後把這些祕密連同蘇格蘭妻子一起帶回日本。他曾和鳥井信治郎合作，但後來拆了夥，而他的朝聖／離家／自我放逐之地（我還不確定是哪種），就是北海道這裡；他在這裡建立了Nikka，和他的前東家一較高下。

我想鑽進他腦袋裡，試著找出為什麼選這裡、他的願景和鳥井有什麼不同、他對蘇格蘭的依戀，以及如何逐漸擺脫。不過要等明天再說。

武耕平說：「吃點東西嗎？」

我答道：「可是我們要去吃晚餐了。」

「是啊，不過這很特別。一盤就好……」我們走進一間新潮的小餐廳。兩碗加上一點清淡的沾醬，鮮綠、細細的銀絲，咬起來嘎吱嘎吱、沒有血色的肉類。

武耕平說：「這叫gutsu。是牛腸，生的。」我應該挑了挑眉毛吧。他向我保證：「牛腸一定要乾淨。」不蓋你真的是。

我們和一個BBC的拍攝團隊碰頭，他們正在拍攝蘇格蘭威士忌的系列歷史影片。當時我們和我們的東道主坐在一起，他們衝進來，跟著來的還有節目主持人／蘇格蘭影劇界傳奇大衛・海曼（David Hayman）。他喊道：「《每日記錄報》宣布蘇格蘭獨立了！」這是他打招呼的方式。我陷入英國脫歐的情境中，發現我真是太與現實脫節了。我打通簡短的電話回家，試圖安慰我女兒；我太太在尋找我們的愛爾蘭祖先。我得回去了。

我們的宴會有Nikka黑牌的高球威士忌為伴。海曼說：「威士忌調酒？才不要！」晚餐後，我帶他們去札幌主要十字路口的那家Nikka酒吧。單一麥芽、調和式麥芽滿天飛，因為我很固執，所以還有原桶直出的高球威士忌。我說服了那傢伙。他問：「這是調和威士忌？哇。真不錯喝。」威士忌正是建立在那樣小小的勝利之上。

北海道：熱鬧的歡迎（左頁），札幌無所不在的電視塔（上圖左）和周圍富饒的大海（上圖右）。

余市

隔天一早，我和武耕平跑去漁市，但這裡和東京的築地市場不同，必須遠遠地看他們拍賣。不過這裡有餐廳，所以我承諾秩父的門間女士要吃毛蟹的蟹腦味噌的事可以實現了—— 這是蟹腦的極致，令人精神一振的大海蒸餾物。此外還有毛蟹本人和海膽（北海道的海膽赫赫有名），以及鮭魚卵。這是你能想像最棒的早餐。補足元氣，腦中瀰漫著海的味道，準備開車向西，前往余市。

海岸並不是徐徐展現，而是在隧道盡頭躍入你的眼簾—— 灰色的大海、陡峭的懸崖、層層山巒緩緩沒入波濤中，光線明亮而清冷。穿過小樽，到達余市和蒸餾廠，那裡有城堡般的石造塔門，景色再度突然展開。左手邊是低矮的蒸餾廠建築，對面是鮮紅屋頂的巨大燻窯，屋頂是佛塔形式。

導遊拿著擴音器走來走去。時間還早，但停車場早已停滿巴士。2014年，日本最大的電視臺NHK開播一齣40個星期的晨間電視劇（屬於15分鐘的晨間劇），故事改編自竹鶴和妻子莉塔（Rita）的愛情故事。這齣電視劇就叫《阿政》，而以此為名的「阿政效應」使得Nikka的銷量一飛沖天，庫存量更加枯竭。2015年有100萬人造訪酒廠。

余市是我們許多人的起點。第一杯參加了2001年《威士忌雜誌》的盲飲競賽，最後拿到了至高無上獎（Best of the Best）。或許不是什麼大場面，不過間接影響非常巨大。威士忌世界因此注意到了日本；更重要的是，這替日本蒸餾廠打了一劑強心針，讓他們有信心開始擬定外銷策略。

對所有人來說都很新奇，風味既熟悉又不同，像混音，又像地質變餘構造。沒錯，有煙燻味，不過和油脂結合的感覺不同—— 前味明亮而濃郁；風味展現得井井有條。醇厚而深沉，同時卻清澈而涼爽。

我們不知道多分支調和；我們只是品嚐，然後深深入迷。

在我們開始四處參觀之前，先試著了解竹鶴這個人。如果想知道他在想什麼，也要看看這個故事中籠罩著神話特質的配角。我們來看看莉塔；她不只是「妻子」，也是故事的中心人物。

莉塔有涵養，受過高等教育。她妹妹當時正在讀醫，父親在世時是醫生，但莉塔的未婚夫死於二次世界大戰，也難怪她準備一生待在格拉斯哥的高雅中產階級世界，成為照顧年老父母的未婚阿姨。然而政孝成了第二個機會。

格拉斯哥本身就很有個性。竹鶴在1918年12月到達。1919年1月31日「黑色星期五」，1萬名士兵由坦克支援，奉派到格拉斯哥鎮壓某些人眼中的布爾什維克革命的火苗。竹鶴陷入狂熱的政治氛圍中，身邊圍繞著權利意識高漲的女人。黑色星期五的三個月後，他從艾爾金市返回格拉斯哥，寫道：「……格拉斯哥是我的城市。」

他年紀更長時，他寫到結婚會是他待在蘇格蘭的一個辦法。而莉塔的回答是，如果他的夢想是在日本做威士忌，那他們就該去日本。這段婚姻告訴了我們什麼？他們彼此相愛，固執、獨立、衝動、叛逆，不怕公然藐視傳統。

余市的巨大燻窯建築——現已停用。

他——或者說他們——可以在日本造成翻天覆地的改變。後來他確實做到了。1934年，竹鶴從日本唯一的威士忌蒸餾廠轉調為壽屋釀酒廠的經理，自認為是降級而感到羞愧，於是辭職，兩人搬去北方——搬到遙遠西北邊的余市這裡，建立後來的Nikka。資金一部分來自大阪的投資者，莉塔曾教過這對夫妻的孩子彈鋼琴。他們成為一個團隊。

但為什麼選在這裡？這裡有適合耕作的良地（雖然種植季很短），石狩盆地（Ishikiri Valley）有泥煤，也有豐沛的水源。這裡還有蘋果，因為竹鶴為了避免冒犯鳥井，先成立的公司稱為大日本果汁株式會社（Dai Nippon Kaju）。原名拼音中的NI和KA，在1950年代成為這間公司的新名字。

但為什麼特別在冰冷的大海邊、緊鄰漁船建立余市呢？我們知道，竹鶴的一個投資者跟這座城市有淵源，不過他選擇那樣的地方，似乎有點想建造一個蘇格蘭。他和莉塔待在蘇格蘭坎貝爾鎮（Campbeltown）的赫佐本（Hazelburn）時，是最幸福的時光。或許這個地點多少是給莉塔的禮物。這裡離市場十萬八千里遠，並不是最合理的地點。對我來說，這裡是竹鶴的浪漫性格戰勝務實的結果。

所以我不全然相信，選這裡純粹是因為那是他能找到最接近蘇格

竹鶴的遺物。

竹鶴仍然看顧著他的第一間蒸餾廠。

蘭的地方。19世紀中期以來，蘇格蘭蒸餾廠就建築在道路、鐵路、渡船頭、港口旁。從前為了製造私酒而隱藏的地點，或在鄉村為了靠近農作而建在農場上的日子早已過去。對於地點，已經發展出不同的感性。運輸的連接是關鍵。而竹鶴學到了這一點。

本州有泥煤。大麥可以在那裡種植；也有水——而且有市場。北海道的氣候不同，但這真的是搬去那麼遠、那麼北、那麼西的地方唯一的原因嗎？

我們在（已經停用的）燻窯中。佐久間說：「我們現在還會採一些石狩的泥煤來展示。大塊的泥煤板層層疊起。「是在1970年代停止的，當時市場成長得太迅速，我們沒有能力全部在廠內燻製。」今日，余市主要使用三種風格的蘇格蘭大麥——無泥煤、中泥煤與重泥煤，而且來自不同發麥廠，因此更添變化。典型的日式風格，是把這三種用不同的比例混合，產生更多樣化的風味可能性。

我看著這個建築。每個燻窯都可以燻製1公噸，但體積用不著這麼大。有可能是預期產量會增加（但佐久間說他們無法處理），或屋頂加高是為了改善空氣循環，提高對燻煙的控制。這間蒸餾廠是依據傳統而建造，但也加入了變化。

有一臺新的布勒研磨機，但糖化槽展現了傳統（容量約4-6公

余市大概是世界上最後一間有炭火加熱蒸餾器的蒸餾廠。

噸），仍有老式的「耙式攪拌」系統。佐久間說：「有個老人告訴我，竹鶴說過，『麥汁必須清澈，酵母必須是釀造用酵母，而蒸餾必須要冷。』這些是我們延續的基本作法。」他們是在前進，但多少靠著竹鶴的庇佑。在這裡，改變是靠著調適，而不是激烈的轉變。

製造清澈麥汁這個方向是個要點。耙式攪拌的糖化槽有彎曲的臂（耙），像泳者游狗爬式一樣耙過（the plough）糖化液。這會擾動濾層，增加大麥殼通過的可能性，造成那種堅果般的穀物味。

佐久間解釋道：「我們會讓第一道水循環，讓它二次過濾。」用的是類似Mars信州的那種監視窗。「必須清澈到可以看見你的手。」他邊說邊示範。這裡有20座發酵槽，不過目前使用的只有6座。發酵時間很長——最多五天。「這時間是正確的，因為乳酸菌的關係。三天之後，乳酸菌會開始增加，產生酯類，酸鹼度下降pH值下降，而pH值對蒸餾很重要（pH愈低，酒汁愈酸，有助於清理銅，除去更重的要素）。胺基酸的平衡也改變了。時間長短也要依據我們選擇的酵母。

「我們用竹鶴最初用的品系，有一種艾爾啤酒酵母，還有馬利（Mauri）的蒸餾用酵母。竹鶴應該用過札幌酒造（成立於1876年）的一種啤酒酵母。這些或單一使用，或混合使用。」又是多樣性。

余市還有另一個世上任何其他蒸餾廠大概都沒有的面向。同樣地，這也是竹鶴的指示。余市的蒸餾器設在磚造平臺上。下面有爐灶。旁邊擱著一堆煤炭。蒸餾器不但是直火加熱，而且用的是炭火。

佐久間說：「我們不想改變品質。而炭火對稠度很重要。如果我們用另外一種火，熱度就會是穩定的，關鍵就在這裡。」炭火無法預測、難以控制，在蒸餾器下方產生更多熱點；溫度界於攝氏800-1000度。如果控制得當，會使酒汁在熱點凝聚，造成深沉、烘烤的風味。不過如果黏住，就會燒焦。瓦斯方便控制，但用煤炭，蒸餾人員就必須時時預測。火有助於產生余市的深度，林恩臂的陡峭斜度與蟲桶也是，都能限制酒汁與銅的對話，讓蒸餾液朝厚重、滑膩的方向發展。

蒸餾室的重點是在長時間發酵與清澈麥汁造成的果香中加上強度。角落有一小座罐式蒸餾器。佐久間說：「那是唯一一座蒸餾器。竹鶴用那個來蒸餾糖化液與烈酒，一直到1966年第一次擴建。」這種做法有潛力使成品更沉重。

佐久間又說：「余市應該忠於傳統。宮城峽是現代做法。我們必須讓兩間蒸餾廠各有特色。」那是調和師的角度。話說回來，這裡產生的多分支，不只用於調和，也用於麥芽威士忌，利用不同的泥煤度、發酵時間、酵母組合和分酒點——分酒點高，風格比較輕盈；分酒點低，會捕捉到泥煤款中比較重的酚類。倉庫裡有新橡木桶、波本桶、糖蜜舊酒桶、重新炙烤桶、雪莉桶和二次裝填桶。又來了，多樣性。

北海道漫長酷寒的冬天和溫暖的夏天也影響熟成和產生的風味。不過那對竹鶴的想法還有什麼影響呢？

NO 4
NO 3

「清澈到可以看見你的手」——糖化槽上的監視窗。

我們參觀竹鶴和莉塔住的房子。感覺他們好像只是出去一會兒——廚房裡有醃漬罐，衣櫃裡有竹鶴的衣服，書架上擱著書。一間房間好像我未婚姑媽在伯斯（Perth）的家——鋼琴，老舊的褐色家具，沉重的地毯。隔壁是傳統的日式房間——木地板、榻榻米、矮桌。總是有這種分裂，有日式的感情，但也受到蘇格蘭的拉扯。保留了對他老師的敬意。

Nikka的商標是一個中世紀打扮、帽上插羽毛的傢伙，代表的是威廉・佛奧・勞里（William Phaup Lowry），他是19世紀蘇格蘭的頭號調和師，曾資助威廉・布坎南（William Buchanan，黑白狗Black & White調和威士忌的創造者），擁有雪莉桶做法的專利權。是他啟發了竹鶴嗎？1925年，竹鶴在山崎的第一批蒸餾液不成功時，他回到蘇格蘭向他的導師彼得・殷內斯（Peter Innes）尋求建議。身在北方，卻一直看向西方。

對我而言，竹鶴不只是因為完美的環境才來這裡。他也不是來這裡避世的，而是因為這裡有空間可以發展他的願景，可以深入思考他的「日本式」是什麼意思，鳥井要的那個比較輕淡的願景，以及那樣的觀念和他遵循導師的教誨有什麼牴觸。做法分歧，有助於讓日本威士忌形成一種類別。多虧了地理和空間的影響，北海道成為主動參與者。有時要創新、推進，必須離開傳統的軌道，朝荒野而去。而構想就在其中。

我們前往另一個房間，繼續品飲、談話。Nikka把自己的麥芽風格區分成多種風味群，每一群都可能是不同風格的調和。品飲是從調和師角度來看余市的一個機會。三種風格，是嗎？佐久間微笑了。「我們其實做了更多。」我就知道。

這支Woody & Vanillic是12年版，以輕泥煤麥芽為基底，在處女橡木豬頭桶和糖蜜舊酒桶中陳放。是一整杯的熱帶水果，不過帶有余市那種結實、滑膩的優雅，有助於平衡新橡木桶的衝擊—— 不過其中有松脂和雪松香調，以及前面提到的香草。有日本威士忌特有的清晰感和濃郁。佐久間說：「這種果香是調和的關鍵元素。」

然後是Sherry & Sweet，同樣是12年，也以輕泥煤麥芽為主。嚐得到煙燻，以及像杏仁的Amontillado雪莉酒桶元素與果乾，但余市的高酒精度的滑膩，現在顯得像蜂蜜，讓桶裡的鹹味元素增添了甜味。柔順、滑膩，有類似味噌的深度。

滑膩感讓余市擁有不同於其他日本威士忌的物質性。滑膩感潛伏，有時帶著威脅，有時撫慰而恬靜。我問佐久間，口感有多重要？

「每間蒸餾廠都有自己的風格—— 有的厚重，有的帶果香。所以我們評估或調和的時候不只用聞的；我們會品飲，找出那種口感。聞

佐久間正是Nikka 威士忌背後的革新者。

PRODUCED AND
NIKKA WHISKY

有點花俏的W.P.勞里圖像正對著蒸餾器。

很重要，但威士忌是拿來喝的！」

我們一路喝向比較重的款。Peaty & Salty讓許多麥芽威士忌飲用者覺得像余市，雖然這支單一麥芽威士忌其實調和了許多不同元素。主要是重泥煤，調和了一些輕泥煤，大多在木質影響比較小的桶中陳放—— 重新炙烤、重組桶或二次裝填桶，不過也有一絲審慎的新木桶味。

再一次醇厚而強烈，有冬青、上蠟皮革、毛皮大衣的香調，以及通常來自雪莉桶的大豆元素。口感全是煙燻和煤灰，有薄荷、新鼓、辛香料和胡椒的氣味。

這是余市在向蘇格蘭做出最明顯的致意。有一點像雅柏（Ardbeg），不過比較偏向坎貝爾鎮雲頂的複雜度。然而蘇格蘭沒有任何威士忌有這種滑膩或果香，或強烈的上揚。

佐久間說：「這是個小系列。我們在做泥煤、雪莉桶、果香、麥芽香—— 對，有時會用混濁的麥汁—— 還有木桶味。配上泥煤度、酒齡和不同的桶型。然後就可以調和了。」他微微一笑。「複雜得很。」

要如何把這些風味定義為日本風味？他答道：「我們仍以蘇格蘭威士忌為師。這是竹鶴的調教。他漫長的一生、他的性格和味蕾都影響他做的威士忌。他不是以製造『日本』威士忌為目標。他一直想做的是他自己的威士忌，而發展出的正是那樣的風格。我們做的一切，仍然來自那樣的願景。

「製作的分類是『蘇格蘭型』，但我們在一間蒸餾廠中做出幾種不同的風格；我們用不同的酵母，在其他面向做實驗。我們一直期望能創造出這些不同的特質。終於，我們找到日本了！因為氣候不同。氣候的一切成就了我們的特質。」

我想起建立這個產業的兩個男人—— 堅持地點、帶有千利休式原則的鳥井，還有敬重老師的竹鶴（這是日本對工藝的態度，只不過他的老師正好在蘇格蘭）。竹鶴一開始無疑想做出他們讓他見識到的東西。然而，在北海道的荒野中，他找到自己的口感、自己的想法，而環境帶他離開許多人走過的路，走上新的路子。日本與它的環境密不可分。

蒸餾廠其實已塵封，加上「阿政效應」，使得Nikka收回所有酒齡標示的威士忌（詳見232頁）。余市的系列被一支無酒齡標示取代。

余市的單一麥芽威士忌在各式各樣的桶型中陳放，非常複雜。

品飲筆記

余市單一麥芽（Yoichi Single Malt，酒精濃度45%）可能讓蒸餾廠一些比較老的支持者感到意外。煙燻味被減弱了，雪莉桶的影響也是，不過聞起來有一絲果乾的深沉風情，以及榛果的元素。口感輕泥煤，不過這是余市在夏日陽光中的愜意，而不是呼嘯的冬日風暴。煙燻味在口感中有點突出，伴隨著蒸餾廠的滑膩感，阻止這款酒變成溫和、甜美、柔順的威士忌。

雖然不再販售酒齡標示的酒款，不過冷僻的店家、拍賣網站或酒吧可能找到一些。建議你看看**15年**（15-year-old，酒精度45%），對我來說，這款酒展示了蒸餾廠多樣的特質。濃厚、滑膩而帶丁香、尤加利和刺激的鹹味，緩緩擴展為煙燻、雪茄盒和核桃。**20年**（20-year-old，酒精度45%）煙燻味更強，有比較多亞麻仁油的元素。

Nikka確實裝瓶了余市的許多單桶和年份酒。我在寫作時，手邊就有一瓶**1998年**（裝瓶於2008年，酒精度55%）。完全的雪莉桶風味、薑糖、橘子醬和帶有黑橄欖和舊皮革的煙燻味。這類的威士忌可以當作酊劑——也好，因為這是我最後一瓶了。

其實還剩下一款有酒齡標示的麥芽威士忌。**竹鶴17年**（Taketsuru 17-year-old，酒精度43%）。這款調和式麥芽威士忌使用Nikka兩間麥芽蒸餾廠的威士忌，展現調和師的技藝，與那些成分的複雜度。Nikka的風格或許比三得利的雄壯，但仍然保有非常日式的芬芳和強烈的風味概況。這款嚐得到苦橙、李子、淡黃無子葡萄和一點榅桲醬，以及似乎是本廠風格的那種雪茄香調。一點清淡的香草讓口感滑順，接著出現混合著尖酸的石榴和黑莓，之後是苦巧克力的尾韻。

札幌

他的蒸餾廠的水潑灑在光亮的淡色花崗岩上。我從這座失落、幾乎被淡忘的城市，俯瞰著湛藍大海和紅色屋頂。水汩汩而流，我斟滿杯子，杯中的花很新鮮。我們拿起一杯威士忌，灑上墳墓，空氣中充斥著煙燻和水果的香氣。就連烏鴉也安靜下來。惠美子說：「我們相信他們在保佑我們。」我們朝阿政與莉塔鞠躬，然後下山去。

那天下午，我的手指撫過竹鶴粗糙的褐色粗呢外套，碰觸藏書，滑過他的簽名和充滿愛意的信息，在榻榻米邊發現相連的竹與鶴。他們活在兩個世界之間。她死後的那些年間，他在想什麼？他選的是哪間房間？坐在地板還是扶手椅，讀的是英文還是日文書？他聽得到她手指輕觸琴鍵嗎？這間屋子比威士忌更能代表這個男人——在這裡可以看到愛、關聯、雙重的世界，以及神話背後的真實男人。

他成功了，還是失敗了，或是事情比這還要複雜？最初的失敗在他心中是否其實是輝煌的成功？如果他沒有被迫改變，如果他在山崎待下去，沒來這個地方，如今會是什麼局面？

在日本製作蘇格蘭威士忌的決心隨著時間改變了。這也是理所當然。世上任何地方都是這樣，在這裡比其他任何地方更明顯。來到日本的所有事物都變了。變得截然不同。再也不可能一樣；氣候、心態、文化都會產生影響。

那天晚上，我們去吃雪花牛，啜飲一杯杯余市，然後去烏漆麻黑的Bar Ikkei。調酒師向我們炫耀一批的罕見老Nikka——苦艾酒？3-D酒標？Gold & Gold、伊達、Connexion（調和自加拿大和日本威士忌，佐久間說：「那是我最早喝的一批酒。」）、Super Session（一款裸麥、麥芽和古菲穀物做的「三種原料調和威士忌」）、看起來像1970年的某種清潔用品的Yz；然後是Nikka回應Q1000而推出的No Side 900；還有News（見95頁）。我問，他們的策略是什麼？「沒有策略！」惠美子大笑。「1970年代中期，是『賣愈多威士忌愈好』。還有什麼都試，引起大家的興趣。」

這個產業再度尋求新方式、尋求指引。在人人想要威士忌的無痛年代之後，經歷了恐慌，接著最後拯救他們的是老原則的平靜之心，跟隨雁子往北去，再度來到北海道。回歸沉思與創造。

宮城峽

Miyagikyo

宮城峽蒸溜所

從札幌到仙台

北海道之旅很短。有一天，我會好好探索那裡——希望下次能造訪厚岸（見108頁），看看東海岸。不過現在我們被拉回南方。飛到仙台，搭巴士去宮城峽，回到仙台，坐新幹線回東京——然後回家。

突然就來到最後一天了。我和武耕平陷入某種幻覺，總覺得路途會不斷向前延伸。旅程成了我們的人生——火車、飛機、汽車、蒸餾廠、神社、水和山。我們旅行的當兒，不斷聽到新蒸餾廠計畫成立、正在興建的消息，我們可以繼續下去。我們有動力。不過不是現在。

我們在機場和BBC人員會合，他們辛苦地處理設備，和有點難應付的機場報到櫃檯人員。他們要前往塔斯馬尼亞（Tasmania），看看威士忌的另一個新疆界的情況。那裡會有自己的創立神話、長牙期的問題，並且需要緩慢發展出風格。那裡的地理會造成影響，此外還有葡萄酒文化和澳洲威士忌飲用者的需求。另一章開啟了。空白的紙頁有待填滿，有待留下足跡。

轉乘過程順暢，我們從仙台向西往蒸餾廠去，仙台市的市景漸趨零星，變為輕工業用地，然後是鄉間。山巒不知不覺開始左右道路的方向。開始出現溫泉的路標。那些尖銳粗糙的山脊、圓錐形山峰，森林覆蓋，指向表面下的翻騰滾沸。秋天，顏色似乎反應了下方升起的熔岩湖，那是灼熱的紅和赭色的燒褐土。

每次我去宮城峽的旅程都稍有不同。大多是一天的行程，每次都揭露那地方複雜的新面向——第一次絕不可能看遍。雲層低垂，不大像武耕平喜歡的那種多霧山間，幾乎只是霧。廠址位在新川和廣瀨川（Hirose）之間的楔形土地。我們去尋找河水匯流之處，兩河相遇之地。結果太遠了，拍不成照片。

我們回頭，朝蒸餾廠附近的卵石河灘去，傳說竹鶴試過那裡的水，說那個水很好，把第一次蒸餾的成果倒入河中，以表感激。我們啜飲河水，然後回到蒸餾廠。我在口袋裡塞了一顆被河流磨平的卵石，想著鈴木與時間。

告別北海道。

宮城峽

宮城峽的大路寬敞，有高大的紅色建築，瀰漫著一股美國中西部新市鎮的氣氛。這裡的規模反映了歲月。Nikka在1969年就在這裡大膽回應了內銷市場的成長。首席調和師佐久間正解釋道：「最早的想法是，這裡要比余市大一倍半。然後我們用穀物蒸餾器進一步擴充，那些蒸餾器在1999年送來。現在已經是余市的三倍大。」宮城峽因此成了日本三家在同一地點製作穀物與麥芽威士忌的蒸餾廠之一。

竹鶴花了三年尋找適合的場地，才同意建在這個河岸。竹鶴認為，河流匯聚造成的溼度，會產生適合熟成的特定微氣候。那片平坦的平原大到可以建造一座龐大的工廠，而且有空間進一步擴建；1979年確實擴建了，十年後又擴建一次。以商業考量，這樣和主要市場有比較好的交通連結，確實比較合理。

蒸餾廠的建築由小樹叢和小灌叢分隔，裡面圍著一大座人工湖，就位在廠址中央。有時會覺得好像走進一座公園，而不是在一個工作場所中走動。

宮城峽近來不只穀物威士忌出名，也有單一麥芽威士忌。如果余市幫忙打破日本單一麥芽的觀念，那麼這間蒸餾廠的古菲穀物與古菲麥芽威士忌會讓單一麥芽威士忌愛好者明白（終於啊），穀物並不是中性的填充用烈酒，而是充滿了特質。

我想起曾經和一群瑞典威士忌狂人來過這裡，我一個人對上一群麥芽威士忌的純粹主義者。徹底品飲過一番之後，他們所有人都只買穀物威士忌。又一次小小的成功。古菲穀物威士忌不只替日本威士忌開啟了另一個領域，更有助於讓全球對穀物威士忌的爭論改觀。

進入蒸餾室內部，會看到那個常見的、令人有點摸不著頭緒的蒸餾器局部，不斷向上延伸到看不見的地方。我眼前只有一個名牌：「布萊爾的格拉斯哥，1963」。另一座蒸餾器上掛著類似的名

宮城峽的燻窯伸向天空。

牌，標示的年份比這個早兩年。

布萊爾、坎貝爾與麥克萊恩公司（Blair, Campbell & McLean）成立於1838年，密切參與製造製糖機械，在同一個世紀擴大到製作蒸餾器。公司設於格拉斯哥的加文（Govan），在1977年停止業務。

這這座蒸餾器是安納斯・古菲（Aeneas Coffey）的設計，在1832年申請專利，迎接了穀物威士忌的時代。竹鶴在蘇格蘭學習時，在愛丁堡附近的博內斯（Bo' ness）蒸餾廠待了一段時間（如今已停業），研究古菲蒸餾器的蒸餾方式。竹鶴選擇這種設計，排除1969年的其他設計；當時科技已經進步了，反而使他繼續遵循傳統。

古菲蒸餾器有兩個相連的柱——分析柱和精餾柱。分析柱提取出酒汁中的酒精，酒精蒸氣導入精餾柱中。精餾柱分隔成一系列的隔層（這座有24個）或「隔板」。隨著蒸氣上升，比較重的化合物會開始回流。蒸氣到達冷凝器時，只剩下最輕的化合物。不過古菲蒸餾器會讓酒有比較醇厚的感覺，並在調和威士忌中顯現出來。又是鮮味。佐久間解釋道：「我們認為，古菲蒸餾器只會提供更多特質。不只會得到原料的本質，而且和其他威士忌比起來很甜，口感豐富。」

這些蒸餾器原本是在Nikka的西宮工場（Nishinomiya），在1999擴張時搬來這裡（Nikka在栃木的蒸餾廠還有另一組），現在正在生產幾種風格——「五、六種吧。」佐久間說得神祕兮兮。其中兩種是用100%發芽大麥的糖化液，而不是一般的玉米與麥芽混合物。正是這種「古菲麥芽」使得當初以單桶推出時，麥芽威士忌愛好者豎起耳朵。現在這個已成了Nikka的核心系列。不過起初只是作為調和威士忌的另一個選擇。

佐久間解釋道：「我們用不同的酵母，增加風格。收集不同隔板中的酒，就會得到不同的強度和風格。我們製作輕盈、中等、厚重、更厚重的……還有超級厚重的！」

「我們也用裸麥來實驗。記得昨晚的Super Session嗎（見221頁）？裡面加了一些裸麥，不過目前我們並沒有在做那個。」

這概念又浮現了：雖然驅策品質提升是常態，但其他一切都有彈性。

「彈性和創新是日本的方式。」佐久間說，「古菲麥芽威士忌是對自己的創新，但我們製造兩種不同種類，然後放進各式各樣的酒桶中陳放。古菲的穀類也調和了不只一種風格。目標是製作平衡、上好的威士忌。

「穀物就是讓Nikka和別人不一樣的部分，但我們推出之後，穀物威士忌就變熱鬧了。現在穀物威士忌在全球市場上愈來愈重要——尤其是酒吧通路。可以推動這種局面，我們引以為傲。」這裡的穀物威士忌是一種宣言。

兩座古菲蒸餾器，產生創新的Nikka穀物威士忌。

麥芽蒸餾廠也採用同樣的方式。和余市一樣，這裡的發芽大麥會和不同泥煤度調和，雖然無泥煤是最常用的一型。我問，有多少麥芽呢？我知道答案多少會讓我有點概念。「我們製作無泥煤、輕泥煤、麥芽味和酯味的，所以有四類。」說到這裡，他頓一下。「喔，還有一個隱藏版。」老實說，很可能不只這樣。有兩座糖化槽（容量分別是9公噸和6公噸），流出的麥汁分別存放。發酵時間比余市的短（48-60小時），但用的酵母和余市與穀物威士忌都不同。

蒸餾室一分為二，每半間都有兩座酒汁和烈酒蒸餾器。所有蒸餾器的大小和形狀都相同——大型，有胖胖的沸騰泡、長頸和上揚的林恩臂。這些都有助於增加回流，產生比較輕盈的特質。蒸氣加熱，在殼管式冷凝器中冷凝。其實一切都和余市的相反。

雖然穀物威士忌在Nikka的枥木製作所陳放，但麥芽威士忌仍然在這裡低矮的倉庫中，裝在各式桶型裡熟成，其中包括雪莉桶，也有愈來愈多重新炙烤的美國橡木桶（波本桶、豬頭桶和糖蜜舊酒桶）。我們前往製桶廠看製作中的酒桶。

酒桶裝過第二次酒（並且倒出來）之後，就會送來這裡。內部的碳化層會刮除，點火把桶內燒過。我們看著桶子悶燒，酒精冒出藍色火焰，開始出現火花，最後酒桶點燃，一片片火焰升起，中央

有如升起的旭日。還以為整個酒桶會起火燃燒，但30秒之後就關掉燃燒器，水噴進去，土司、煮熟香蕉、烤杏仁、巧克力和香草的氣味湧起。佐久間說：「這下可以再裝一輪了。」這樣能省錢，也加入介於全新（處女）桶和首次充填桶之間的風味。而這再度增加調和的選項。

我們的品飲和前一天在余市的格式類似，喝的是蒸餾廠產品的組成，而不是最後的成品。

中等重量感的古菲穀物威士忌新酒，甜而肥厚，帶有溫和的花香元素，以及已經帶有乳脂感的厚重口感。這些酒會在重新炙烤的波本桶、豬頭桶和二次裝填桶中陳放。

接著是Woody & Mellow穀物威士忌，非常夢幻的奶油糖、焦糖、香草莢和香蕉船，外加熱帶紅色水果。只有那種煮玉米的香調能說服你這不是萊姆酒。

佐久間指著一杯Malty & Soft單一麥芽威士忌說：「這是調和威士忌主要的麥芽基底。」麥芽奶味強過不甜與堅果味——宮城峽的溫和果香風格展現了出來。口感受到華爾茲的韻律衝擊——慢、快、快、慢。

在宮城峽重新炙烤酒桶。

Fruity & Rich展現更多的橡木，以及圓潤、有點肉質的水果。有

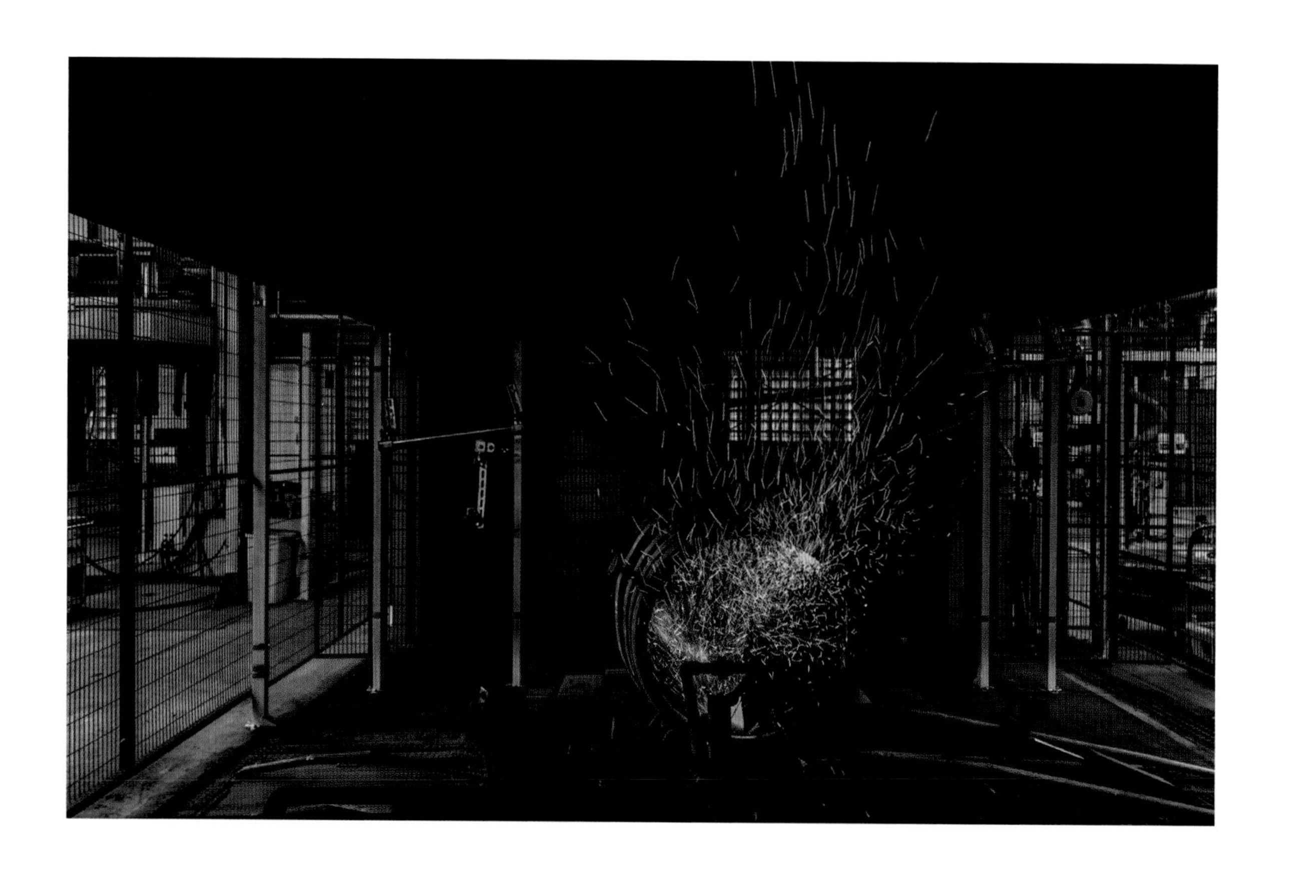

低圧蒸気
留液

柱式蒸餾器（左頁）和罐式蒸餾器（上圖）。宮城峽兩種都有。

宮城峽甜味四溢的柿子、烤鳳梨和榲桲味，而美國橡木則增添了卡士達，和蘋果海棉蛋糕頂上灑的肉桂粉。我腦中開始調配起想像中的調和威士忌。

即使用上Sherry & Sweet最雄壯的酒桶，也無法消彌蒸餾廠的甜美特質，不過現在水果從溫和、果肉感變成成熟的黑莓，而口感混合了糖蜜與梅子、蜂蜜的深度。都有這種溫和的力量、實體上的厚重感。「可能是酵母的關係。」佐久間說：「除了賦與風味，也可以增添口感。」

這裡和余市的各種可能性是必須，不只是為了調和，也是為了做單一麥芽威士忌。2015年，面對「阿政效應」（見210頁）帶來的庫存耗竭加劇，Nikka決定收回所有有酒齡標示的威士忌（唯一的例外是竹鶴17年），取而代之的是無酒齡標示的品項。

無酒齡標示成為威士忌的爭議話題，但如果庫存有限，需求漸增，還能怎麼辦？起爭議的唯一原因，是整個威士忌產業多少明言或暗示威士忌愈老愈好，因此酒齡可以當成品質的指標。

移除酒齡標示，威士忌製造者就能打破這種典範，讓飲用者不再追求數字，而是專注在風味。我們又回到田中城太說的「成熟度弧線」；這個主題在每次參訪都會重現。

理論上都很美好，但即使知識廣博的飲用者，品飲之前也會問酒齡。如果日本威士忌要打好基礎，讓他們在這個庫存造成的停滯尾聲

隨著需求增加，宮城峽再度全力生產。

再度成長，就必須說服半信半疑的飲用者，無酒齡標示有什麼好處。

佐久間的方式令人耳目一新。「我在做比方說宮城峽15年的時候，想展現出宮城峽在那個酒齡的完美範例：用不同的風格和桶型反映威士忌一生中的單一時間點。拿掉酒齡標示，表示我可以從那條時間線中的任何一個點來選擇—— 比較年輕的、比較老的、不同風格和桶型。這讓我有機會發揮創意，讓威士忌發揮創意。我做的威士忌應該反映這一點，和要取代的威士忌不同，但一樣好，甚至更好。」

他繼續說：「我掌握了往很多不同方向發展的潛力。雖然我們必須終止酒齡標示，但有機會拓展系列，因為酒齡只是風格的一個面向。我們應該把這種狀況變成一個新契機，但首先我們必須改變對酒齡的看法。

「這是改變世界的好機會，因為我們可以創造出那麼多不同類型的威士忌。我們的新系列有兩款古菲穀物和Nikka的原桶直出，已經成功了。我想擴大這種革命性的作法—— 我想推廣新的體驗。」危機中自有契機。

這是日本人願意改變，但仍保留傳統的又一次展現嗎？他點點頭。「基本上，日本人會想辦法堅持自己的風格，並且總是想要改進，得到更好的結果。那種創新始於傳統。多虧創辦人的傳承，我們有有形和無形的資產，得以不受限制地發展新的東西。」

這是來自過去，存在於DNA裡的：那種強烈、清澈的風格；對口感的覺察；相信重覆和小細節的重要性；留在工藝的傳統中，同時不斷改進。

我們可以哀悼酒齡標記的時代已過去，不過說真的，還有什麼辦法？是要保留酒齡標示而限制銷量，還是要大膽一點，冒著激怒威士忌飲用者的風險，確保愈多人享受到這種飲料愈好？

無酒齡標示是威士忌界飽受爭議的主題，佐久間相信他們可以解放威士忌製造者，產生新的可能性，在這項爭論中很需要加入這種冷靜理性的觀點。我們繼續聊天，顯然Nikka無酒齡標示的作法不會限於一個酒款。擺脫酒齡標記的束縛，可能是至今最令人興奮的發展。

NIKKA

品飲筆記

宮城峽近期的裝瓶產品中，主要的重點是兩支古菲蒸餾器的穀物威士忌。**古菲穀物威士忌**（Coffey Grain，酒精度45%）比另一支溫和，但以為穀物威士忌稀薄如紗的人，仍然會覺得這款酒像起床號。有一股醇厚的玉米桿甜味和太妃糖蘋果味，一點黑葡萄、蜂蜜和八角與肉豆蔻的尾韻，最後一些橙皮讓氣息活躍起來，還有類似剛削的鉛筆氣味，宣告其中也用到了橡木桶。甜美、渾厚、圓潤，加水會浮現更強的溫泉、桑拿味。口感全是橙花蜂蜜，像罐裝桃子一樣包覆舌頭，這是典型的古菲蒸餾器風格。

古菲麥芽威士忌（Coffey Malt，酒精度45%）一樣醇厚，同時也比較不甜，有更多巧克力和櫻桃、硬焦糖和一種烘烤的元素，整體多了某種嚴肅感。古菲穀物威士忌讓人想到熱切的拉布拉多幼犬，而這款的口感稍稍不如古菲穀物威士忌那麼急於討喜。雖然甜，但也有清楚的堅果、橡木結構，以及黃金糖漿與烤桃子。複雜而順口。

穀物威士忌是Nikka策略的關鍵。

新推出的**宮城峽單一麥芽**（Miyagikyo Single Malt，酒精度43%）連貫地延續了如今限量的酒齡標示款。一開始是幾乎像干邑白蘭地的果香和花朵、水果與紅蘋果的元素。豐滿、溫和，嚐得到柿子，還有融化的牛奶巧克力與抹茶那種包覆味蕾的效果。微微的麵包香調加上一絲不甜的尾韻。宮城峽的所有低調甜味完全展現——烤蘋果、輕淡的薄荷味、一點牛軋糖，還有一咪咪的煙燻味。

至於余市，一些吧檯後面可能還藏了幾瓶。如果你巧遇一瓶，務必要嚐嚐看；如果你找到15年款（酒精度45%），對我來說那可是其中的珍寶——完全是甜柿子和太妃糖，帶點蜂蜜和一絲松香的橡木味。

從仙台到東京

又開始下雨了，我們回仙台的車速因此慢下來。「趕不上火車了。」惠美子似乎不大擔心。「沒關係。每小時都有一班新幹線。我們可以找點東西吃。」這才對嘛。我們在仙台，說要找點「東西」吃通常只會指一種東西—— 舌頭！說明確一點，是牛舌，也就是牛的舌頭切薄片，在炭火上快速燒烤。車站自然有好些店家可以選。等我回家，我一定會很想念這個東西，然後只能被迫選擇淡而無味的法式長棍麵包、可能很冒險的壽司，還有根本大災難的墨西哥捲餅。也喝不到像樣的高球威士忌。這裡喝得到，所以我們就喝了。大家都放鬆下來。我們開著玩笑，舉杯敬旅程結束，約好下一次在這場永無止境的全球威士忌之旅見面，然後一路睡回東京。

仙台只有一種東西可吃—— 牛舌。

水一直跟著我，不只是從天而降那種。水在河流和泉水中奔流，決定蒸餾廠的地點，在神聖的瀑布流瀉而下，從神社的水龍頭裡湧出讓我們淨手淨口。染色需要水，做和紙和陶藝也需要水。不只如此，水也是茶道的基礎，是烹飪的核心。

在京都，橋本大廚跟我說過：「京都料理是水的料理。用餐一開始，我們送上高湯，是為了呈現水的純淨。」我想起我和另一位米其林主廚山下春幸（Hal Yamashita）的對話，他在東京的餐廳專門使用他家鄉神戶的食材——包括水，一週三次從神戶船運到東京。山下告訴我：「水是烹飪最重要的一環。我做的是神戶風的食物。要做得到位，就必須弄來神戶的水。東京這裡的水完全不一樣。」

我記起城太和武耕平提起只配水的「心靈」蕎麥麵，或酒吧裡對冰塊的敬意。到哪裡都遇到水。

那麼威士忌呢？源頭必須純淨，水量必須豐沛，用於冷凝的水溫度要適中。有一位蘇格蘭的老蒸餾師朋友曾經告訴我：「戴夫，我們在做的只不過是把水搬來搬去。發麥的時候我們把水加進去，然後把水弄走。糖化的時候再加進去，然後蒸餾時再弄掉。我們加些水到桶子裡，然後加一些在瓶子裡、杯子裡。所以我們只是搬水的人。」

水的特質會影響風味嗎？大部分的蒸餾師覺得不會，但有些人不以為然。肥土伊知郎的家族覺得秩父的水有助於酒的品質，所以把水送到60公里外位在羽生的蒸餾廠。

福與伸二也站在相信的那一邊。「我們做實驗，在山崎用了白州的水，做出的酒就不一樣了。我們不知道為什麼。我們找不出礦物質含量和風味之間的任何關聯，但據我所知，關聯確實存在。不同的水會產生自己的特質。」

水是日本工藝的中心。

禪

我一直不敢冒然拿威士忌和禪類比——其實拿任何事都一樣。感覺太偷懶了。然而，我讀過的所有書裡，談過的所有對話裡，都存在著禪，在影響、塑造潮流。從來不明目張膽，而是低調，忽隱忽現，這可是非常合乎禪。

先前的一次旅行，我在京都的春光院待了一陣子，副住持川上全龍（Takafumi Kawakami）的家族在這裡講道，已經到第四代了。他告訴我：「我在這裡的目標是教導眾人佛教的實踐就在我們的日常生活中。這間寺院是讓有志之人來學習座禪。重點是回歸本心，禪的概念正是回歸本心。

「意思是透過經驗來學習。打坐是實證研究，訓練你活在當下，因為你讀到這裡的時候，這個『當下』已經不在了、過去了。活在現在，就能創造完美的過去。」

我待在春光院之前，正落入用威士忌來比喻禪的陷阱中：蒸餾過程有如專注；純化烈酒就像淨化心靈；或是混濁酒汁是如何轉化成純淨、強度無限提升的東西。咦，不就和心智一樣嗎！聽起來都很不錯，直到我坐在春光院，才領悟那都是胡言亂語。威士忌就是威士忌。

那堂課之後，在閱讀千崎如幻（Nyogen Senzaki）禪師的教誨時，這段文字像為了強調似地跳了出來：「如果我給你一杯茶，說這是禪的象徵，那不會有人……能享受這樣一杯溫熱的飲料……為什麼呢，因為啜飲是一種鑑賞，而鑑賞就是啜飲。禪從來不是『試試這個，你會受到啓發』。禪要的只是那個行動，而那行動的本身就是啓發。」

川上副住持跟我說過，威士忌和禪並不完全相容——畢竟禪的重點是讓心智清明，而且禪也無助於創造力。有多少次我們在喝下第五杯之後感到片刻的領悟，無比清明地發現這個世界種種問題的解答都出現了？我們寫下答案，然而隔天找到那張紙時，卻看不懂自己在寫什麼。

然而，是禪傳入日本，幫助建立了日本職人精神的架構。卡蘿・史坦伯格・古爾德（Carol

Steinberg Gould）和瑪拉・米勒（Mara Miller）在〈日本美學〉（Japanese Aesthetics）一文中寫得好：「佛教禪宗是許多人……眼中日本美學性質的中心——暗示、不規則、不對稱、簡樸、易逝。」我認為在日本人對威士忌採取的態度上，這也是位居核心的推動力。

不過對「威士忌」進行沉思，可更了解威士忌製作過程中那種相互依賴的本質，不只是物理上的創造行為，而是容攝了現在與過去的整個世界——威士忌誕生的地方與環境、成分、參與的人。啜飲一口，就進入這些事件的關聯網。香氣和口味本身就是分子根據彼此的狀態互相作用而複雜地交織在一起。在杯子裡（也可以延伸到任何地方），沒有任何東西獨立存在。

要品嚐，也需要保持開放的心。要理解香氣，需要主動和這個世界嵌合。一款複雜威士忌的香氣有助於這種嵌合；而這種嵌合（對於隨時在你周圍流動的氣味的複雜度保持覺察）對威士忌也有幫助。

威士忌可以作為禪的隱喻嗎？

東京

我和武耕平走出東京車站時，我對他說：「一杯就好。」他得回去家人身邊，而我得收拾行李。我們再度走進新橋的偏僻街道，在一間老啤酒吧拎了瓶冰啤酒。武耕平說：「來點食物嗎？一盤就好。」菜單上沒有威士忌，因為今晚是清酒之夜。我們找到一區古怪的地下街，裡面擠滿餐廳，在那裡找到一家看起來不錯的店。一杯杯似乎愈來愈棒的日本酒送了上來，還有不只一盤的食物。

我們聊天的節奏很快，是那種最後一夜的談話—— 有點狂亂、十分匆促，彷彿過去三個星期裡一直想說的事突然間全想起來了。回憶令我們發笑，我們舉杯相碰。「你，回家吧。」我說，「你家人需要你。」武耕平是我的精神導師、共犯、老師，更重要的是，他是我的朋友。不過我們過著巡迴的人生，基於這種人生的本質，相聚總是強烈而短暫。這個計畫已經比大多數的還要長了。我看著他離開，然後回到舒適的公園飯店。經過轉角神社時，鞠個躬。寧可信其有。

這段時間其實蠻長的，但不知為何，現在回想起來卻覺得一切都很趕。有個行李箱要重新打包，塞進我放在寄物處的東西，把禮物塞到角落，酒瓶裹上T恤。最後行李塞好了，一番努力之後才關起箱子。我的班機清晨從羽田機場出發。現在去睡也沒意義。我坐下來再度看著朝陽讓高塔金黃生輝，然後下樓往機場去。

不管多趕，喝最後一杯的時間總是有的。

改善法

大家第二天都會起床：職人、掌爐師、陶藝師、和紙製作者、木工、酒保、主廚、金屬工匠、製茶師、印刷工、紡織工、聽香人、調和師和蒸餾師。在某個地方，一定有人在嗅一只杯子、在傾聽蒸氣的聲音。丘陵間則有人在溼淋淋的密林中尋找水楢木。

今天，他們會再度開始工作，不過他們會試著把事情做得更好。他們相信改善法，以及透過一絲不苟地注重細節而提升品質的態度。雖然不斷重複，卻永不重複，持續前進。他們全心投入自己創造的事物中——不論是調酒、生魚片、一盞茶、新酒，還有調酒。

據說威士忌的重點在於一致性——每天做同樣的事，確保那間蒸餾廠的特質得以展露，讓調和威士忌維持原貌。然而若只執著於一致性，傳統將逐漸衰退。這種工藝已經受到壓力，必須成長，因此這樣絕對行不通。一致性絕不能成為阻礙改進、阻撓創新的理由。所以日本製作威士忌時，改善法才那麼重要——有些國際同仁說一致性是他們的首要目標，但對於日本威士忌，改善法甚至更重要。

職人的方法拉近了製作者和成品的距離，因為目標是看到陶土、茶葉的本質，或是靠著穀物、酵母、水和木桶與特定狀況交互作用得到的古怪複雜度。大廚山下春幸曾經跟我說：「日本的料理方式和西方非常不同。西方的基礎是在基本食材上添加風味。在這裡，我們會去掉一些東西，不干涉食材的風味，而是強化食材的風味。所以我必須完全了解食材。」

那種理念適用於所有技藝。對威士忌來說，就是注重香氣、風味和口感，成品要單純、有透明感。池水清澈，無所遁形。這就是拙樸。

我遇過的所有職人都提到這些事，但他們也都強調要接納偶然，因為創造力是無法控制或計畫的。創造力狂野不羈，無法預測。蒸餾是受到控制的過程，參數都是固定的。接著烈酒倒入酒桶，於是方程式中加入了偶然。就像把陶土放進窯裡，或堀木染和紙的過程。威士忌製作者會

知道這個蒸餾液在這類木桶裡放這麼長的時間，大約是什麼結果，但誰也不敢說確切會發生什麼事。即使是同一棵樹做成的兩個同齡酒桶，在同一天裝進同樣的酒，也會產生兩種不同的結果。

那樣的意外有助於驅使威士忌前進。又是李歐納·科恩那句：創新是「一切事物的裂縫」；不規則，不對稱。重點是願意接納自然和未知的過程，讓酒變得更豐富、更吸引人。製作威士忌是一種工藝。

日本的所有工藝都遠渡重洋而來，被沖上日本的海灘，在時間與氣候、手與季節、理念與戰爭、心靈的貧窮與富足，以及堅持不懈、孤立與開放的塑造之下，轉化成屬於日本的東西。

所以他們才能做出世上最好的日本威士忌。

合掌感謝！

工藝受控制、穩定，卻又狂野而創新。

滝御前
賽銭箱

日文名詞

茶碗（chawan）：喝茶用的茶具

小樽（chibidaru）：同字面意思，小巧的酒桶。

栲木（chinquapin）：一種橡木。

日式高湯（dashi，出汁）：蕎麥麵使用的高湯，傳統上是昆布和柴魚片加水煮成。

土偶（dogū）：繩文時代的陶偶。

外人（gaijin）：異國人。

合掌（gassho）：兩手合十，表達感謝。

牛舌（gyūtan）：烤牛舌頭。

俳句（haiku）：日本的傳統三行詩。

爭鮮（hashiri，走り）：一季的開始。

平安時代（Heain era）：西元794-1185年。

檜木（hinoki）：一種日本扁柏，用於建築和製香。

乾燥臺（hoiro，焙炉）：用於乾燥茶葉的檯面。

一期一會（ichi-go ichi-e）：一次，一場會面，一場相遇。

居酒屋（izakaya）：非正式的酒吧餐廳。

助炭（jotan）：搓揉茶葉時，下面墊的紙。

懷石料理（kaiseke）：高級的正式料理，是京都的招牌美食。

漢字（Kanji）：中文的表意文字。

改善法（kaizen）：持續累積式的改進。

紙（kami）：紙張。

卡哇伊（kawaii）：可愛。

毛蟹（kegani）：一種螃蟹。

季候（kigo）：和特定季節有關的字詞，用於俳句中。

麴（koji）：即米麴菌（Aspergillus oryzae），用於清酒、燒酎、味噌、醬油初始發酵的真菌。

昆布（kombu）：用於製作日式高湯的海藻。

舞妓（maiko）：京都對藝妓的稱呼。

水楢木（mizunara）：一種日本橡木，學名：*Quercus crispula*。

水割（mizuwari）：一種飲料，由威士忌、冰塊和水調配而成。

惜別（nagori，名 ）：一季的尾聲。

納豆（nattō）：發酵黃豆，帶有黏黏滑滑的黏液，是需要習慣才能喜歡上的東西。

蔥燒（negiyaki）：加了青蔥的煎餅。

日本酒（Nihonshu）：清酒。

御好燒（okonomiyaki）：一種煎餅。

飯糰（onigiri）：米飯壓成的團狀食物。

溫泉（onsen）：溫熱的泉水，可泡澡。

旅館（ryokan）：傳統日式旅舍。

櫻花（sakura）：櫻樹開的花。

山椒（sansh　）：日本對花椒的稱呼（其實屬於柑橘類／芸香科）

節氣（sekki）：二十四個「小季節」的總稱。

新幹線（Shinkansen）：子彈列車。

職人（shokunin）：工匠大師。

當季（shun，旬）：一季的巔峰。

酢橘（sudachi）：一種日本的柑橘類。類似萊姆和青的日本柚子。

日本貍（tanuki，狸）：又稱貉。

榻榻米（tatami，疊）：地墊。

手揉（temomi，手揉み）：以手揉搓製作（茶）。

鳥居（torii）：通常建於神社入口的大門。

漬物（tsukemono）：日本醃漬物的通稱。

烏龍麵（udon）：小麥製的粗麵條。

浮世繪（ukiyo-e）：日本傳統木板畫。

鮮味（umami，旨味）：受到麩胺酸刺激而產生的第五種味覺。

侘茶（wabi-cha）：樸實的茶。

和紙（washi）：桑樹漿做的紙。

烤雞肉串（焼き鳥）：碳烤的雞肉和蔬菜串。

座禪（zazen）：靜坐冥想。

參考書目

Basho, Matsuo, The Narrow Road to the Deep North (London, 1966)

Black, John R., Young Japan (replica edition, London, 2005)

Bunting, Chris, Drinking Japan (North Clarendon, VT, 2011)

Checkland, Olive, Japanese Whisky, Scotch Blend (Edinburgh, 1998)

Do¯gen (ed. Kazuaki Tanahashi), Moon in a Dewdrop (New York, NY,1985)

Durston, Diane, Old Kyoto: A Guide to Traditional Shops, Restaurants and Inns (New York, NY, 2013)

Goulding, Matt, Rice, Noodle, Fish (London, 2015)

Hearn, Lafcadio, Writings from Japan: An Anthology (London, 1984)

Horiki, Eriko, Architectural Spaces with Washi (Tokyo, 2007)

Horiki, Eriko, Washi in Architecture (Menorca, Spain, 2006)

Iyer, Pico, The Lady and the Monk (London, 1991)

Kerr, Alex, Lost Japan (London, 2015)

Koren, Leonard, Wabi-Sabi: for Artists, Designers, Poets and Philosophers (Berkeley, CA, 1994)

Koren, Leonard, Wabi-Sabi: Further Thoughts (Point Reyes, CA, 2015)

Leach, Bernard, A Potter in Japan (London, 2015)

McKinsey & Co (eds), Reimagining Japan: The Quest for a Future That Works (San Francisco, CA, 2010)

Okakura, Kakuzo, The Book of Tea (print on demand, via amazon.co.uk)

Ono, Sokyo, Shinto the Kami Way (North Clarendon VT, 1976)

Phillipi, Donald L., Songs of Gods, Songs of Humans (Princeton, NJ, 1979)

Richie, Donald (ed. Arturo Silva), The Donald Richie Reader (Berkeley, CA, 2005)

Richie, Donald, A Tractate on Japanese Aesthetics (Berkeley, CA, 2007)

Sadler, A.L., The Japanese Tea Ceremony (North Clarendon, VT, 2008)

Sakaki, Nanao, Break the Mirror (Berkeley CA, 1987)

Senzaki, Nyogen, Eloquent Silence (Somerville, MA, 2008)

Scherer, James, The Romance of Japan (London, 1935)

Shirane, Haruo, Japan and the Culture of the Four Seasons (New York, NY, 2013)

Snyder, Gary, The Practice of the Wild (San Francisco, CA, 1990)

Tanizaki, Junichiro, In Praise of Shadows (London, 2001)

Yanagi, Soetsu, The Unknown Craftsman (New York, NY, 2103)

Yonemoto, Marcia, Mapping Early Modern Japan (Berkeley, CA, 2003)

Waley, Arthur, The Noh Plays of Japan (North Clarendon, VT, 1976)

索引

斜體為圖片頁碼 。

索引

作者簡介

戴夫・布魯姆從事威士忌寫作至今25年。已出版八本著作，其中《喝吧！》（Drink!）和《萊姆酒》（Rum）二書贏得格蘭菲迪年度最佳酒類圖書獎。戴夫兩度贏得格蘭菲迪年度最佳酒類作家獎，最近並由聲譽卓著的國際葡萄酒暨烈酒競賽（IWSC）頒發年度最佳品評人獎。2015年，調酒盛會「調酒傳奇」（Tales of the Cocktail）頒給戴夫最佳調酒與烈酒獎（Best Cocktail & Spirits award），緊接著在2016年頒予了金黃烈酒獎（Golden Spirit Award）。戴夫在這一行的20多年中，經常前往法國、荷蘭、德國、美國和日本提供教育訓練，在國際間擁有廣大的追隨者。戴夫的專業涵蓋消費特性和產業報告，也積極參與威士忌教育，擔任多家大型蒸餾廠品酒技術的顧問，並教導一般民眾與專業人士。戴夫亦參與開發了帝亞吉歐公司的泛用型威士忌品飲輔助工具「風味地圖」（Flavour Map™）。

譯者簡介

周沛郁，森林系碩士畢，專職英文譯者，譯有《我們比黑猩猩還聰明？》、《仿生設計大未來》、《國家地理精工系列：日本刀》（合譯）及多本小說、科普書。喜愛清酒、日本料理，也愛去日本旅行。不久前才發現自己是重泥煤威士忌的愛好者，藉翻譯本書的機會拓展了威士忌地圖。

謝誌

本書仰賴以下人士的幫助才得以完成。在日本有田中城太、清水志保（Shiho Shimizu）、竹平考輝、宮本麥克、肥土伊知郎、吉川由美、門間麻奈美（Manami Momma）、前村久、岸久、鈴木隆行、堀上敦、堀木エリ子、山下新貴、大廚橋本憲一、山中源兵衛、酒井浩太郎、松林佑典、平石幹郎、梶裕惠美子、佐久間正，以及各家蒸餾廠的所有人。謝謝你們的耐心與智慧。

特別感謝福與伸二這些年間的種種幫助、善意與友情，一路上協助我，最終得到一些領會。這些年間，我試圖更深入理解日本與日本威士忌的過程中，受到數百人的幫忙。我尤其仰賴佐藤茂生博士（Shigeo Sato，音譯）、三鍋昌治（我初到日本時，他教了我透明度的事）、輿水精一、稻富孝一博士（Koichi Inatomi）、三成慶太（Keita Minari）和系賀隆弘（Takahiro Itoga）。可惜的是，我一位偉大的精神導師上口尚史（Naofumi Kamiguchi）在本書完筆後不久即過世。他總是和和氣氣，對Nikka的威士忌充滿熱情，幫助引燃了想要解這世界的渴望。

我曾坐在許許多多的調酒師面前觀看、傾聽、啜飲，我要向你們鞠躬，可惜這裡的篇幅不足以感謝你們所有人。我欣賞你們的智慧、技術以及對美好飲料的熱愛。尤其感謝上野秀嗣，在全球頂尖調酒師造訪東京時扮演活動的中心，皆川達也（Tatsuya Minagawa）到蘇格蘭分享他的知識。

也感謝（比我優秀的）同業克里斯・邦廷（Chris Bunting）對設立Nonjatta網站的信心（這裡應該是想尋找日本威士忌資訊者的第一個停靠站），也感謝史帝芬・范・艾肯（Stefan van Eyken）接續這個宏大的工程。謝謝尼克・科迪科特（Nick Coldicott，祝你攻略清酒順利！）、羅勃・艾倫森（Rob Allanson）和唐・羅斯克羅（Dom Roskrow），在我著手寫這個主題時縱容我。

感謝木之葉禪堂（Treeleaf Zendo）的所有人，以及住持川上全龍。這次再度受到Octopus出版社的優秀團隊支持—— 感謝丹妮絲・貝特斯（Denise Bates）一開始提出構想，並且容許我追求稍稍不同的目標；感謝茱莉葉・諾斯沃斯（Juliette Norsworthy）的設計，凱薩琳・哈克利（Katherine Hockley）的製作，艾利克斯・史戴特（Alex Stetter）的編輯，以及瑪格莉特・蘭德（Margaret Rand）和傑米・安伯魯斯不懈的閱讀。也謝謝我的經紀人湯姆・威廉斯（Tom Williams）幫忙醞釀想法，讓我有信心完成。

謝謝山崎勇貴的陪伴、淺嚐威士忌、翻譯能力、苦酒以及極富感染力的生命熱情。謝謝whisk-E上這些年來真正成為朋友的所有人：與一、俊、萬輝，以及我們的司機雄勝（以上皆音譯）。

感謝醉猴子馬爾欽・米勒（Marcin Miller）當初首次派我去日本，並成為我的決策徵詢者、知己、旅伴，最重要的是朋友。少了你，我不可能成功。

感謝我的公路戰友武耕平，他不只拍攝了絕佳的影像，且一開始就理解這趟追尋，在許多地方幫助了我這個笨拙的外人。武耕平以攝影師的身分加入，最後卻成了真正的朋友。這是確確實實的通力合作。我格外感謝愛麗絲・拉賽勒斯（Alice Lascelles）和艾莉西亞・科比讓我和武耕平相遇。

感謝我妻子喬，將近20年她一直忍受我往東方跑，還得不停聽我的胡言亂語、嚷嚷與念頭。她處理了作家的典型心情、把酒瓶歸檔，讓一切井井有條。我愛妳。還有我親愛的女兒蘿絲，她對日本的愛似乎日日增長。我保證妳們將和我一起來這裡。

最重要的是感謝大衛・克羅和角田範子，他們驚人的慷慨、友誼、內幕消息、耐性和信任讓我對日本的愛愈來愈深。你們對我的恩情我無以回報，謹以微不足道的謝誌讓你們明白我有多愛你們。

Arigato gozaimasu（感激不盡）！